管理与创业实验丛书

江苏省实验教学与实践教育中心建设项目
江苏高校品牌专业建设工程资助项目（TAPP）

U0890879


张怀胜 主 编
杨素华 副主编


# 运筹学
# 基础常用算法
# 互动 实训教程

★ ★ ★ ★ ★ ★ ★ ★ ★ ★ ★

AN INTERACTIVE TRAINING COURSE OF THE COMMON ALGORITHM IN FUNDAMENTALS OF OPERATIONS RESEARCH




江苏大学出版社
JIANGSU UNIVERSITY PRESS
镇　江

**图书在版编目(CIP)数据**

运筹学基础常用算法互动实训教程 / 张怀胜主编
. — 镇江 ：江苏大学出版社，2017.1
ISBN 978-7-5684-0390-0

Ⅰ. ①运… Ⅱ. ①张… Ⅲ. ①运筹学－计算方法－计算机辅助教学－高等学校－教材 Ⅳ. ①O22

中国版本图书馆 CIP 数据核字(2016)第 326759 号

**运筹学基础常用算法互动实训教程**
Yunchouxue Jichu Changyong Suanfa Hudong Shixun Jiaocheng

主　　编/张怀胜
责任编辑/张小琴
出版发行/江苏大学出版社
地　　址/江苏省镇江市梦溪园巷 30 号(邮编：212003)
电　　话/0511-84446464(传真)
网　　址/http://press.ujs.edu.cn
排　　版/镇江华翔票证印务有限公司
印　　刷/江苏凤凰数码印务有限公司
开　　本/718 mm×1 000 mm　1/16
印　　张/10.75
字　　数/178 千字
版　　次/2017 年 1 月第 1 版　2017 年 1 月第 1 次印刷
书　　号/ISBN 978-7-5684-0390-0
定　　价/28.00 元

# 序

近年来，社会对于高校大学生的实践能力要求越来越高，但是大学生群体所具备的实践能力普遍不能够满足社会和企业的需要，尤其是对于管理类大学生实践能力的培养与社会需要之间存在的脱节现象，严重影响了人才培养目标的实现。高校迫切需要把培养学生的实践创新能力作为教育改革的重点，特别是管理类专业，其实践性和应用性要求很高，传统的理论教学模式无法满足管理能力培养的需要，因此，就更应加强实践培养模式和课程体系的创新，不断推进实践教学内容和教学方法的发展，而实验教学则是提升大学生实践创新能力的重要途径。

我国正处于“大众创业，万众创新”时代，大学生是“大众创业、万众创新”的主力军。2015 年 5 月，国务院发布《关于深化高等学校创新创业教育改革的实施意见》，文中既强调深化高等学校创新创业教育改革是国家实施创新驱动发展战略、促进经济提质增效升级的迫切需要，是推进高等教育综合改革、促进高校毕业生更高质量创业就业的重要举措，又突出要求各高校加强专业实验室、虚拟仿真实验室、创业实验室和训练中心建设，完善国家、地方、高校三级创新创业实训教学体系，深入实施大学生创新创业训练计划，开展创新创业实践活动。

江苏大学管理与创业综合实验中心是江苏省省级实验教学与实践教育中心，2015 年被教育部评为“全国高校实践育人创新创业基地”，其教学团队已经构建起较为完整的管理与创业教学体系和先进的教学模式，其中“创业人生”“创业管理”先后被评为国家精品视频公开课和国家精品资源共享课，《“塔式”立体化中小企业创业人才培养模式研究与实践》获国家教学成果二等奖和江苏省教学成果特等奖。管理与创业教学团队在多年的教学实践过程中，深刻认识到创业实践训练是创业管理教育中特别重要的一环，但也是相对薄弱的环节，要想让每位学生直接参加现实的管理与创业实践活动，显然在时间、成本、实际操作上都难以承受，而通过实验教学，模拟从事创业活动全过程的真实环境，让学生以最短的时间、最低的成本，完成相关管理与创业实践活动，从而实现管理与创业教育从单纯的理论教学走向理论与实践相结合的实训，具有重要的意义。

教学团队通过深入分析实验、实践教学与信息技术的发展趋势，引入模拟、实践相结合的管理与创业综合实战的设计思路，用信息技术、网络技术、教学软件等构建起管理与创业综合训练的创新教学实验平台，从实验、实践教学内容层面、模式层面、管理层面、技术层面进行了一系列的探索与创新，从而实现了实践教学层次化、实验模式多样化、实训内容综合化、实践环境真实化、学习资源共享化、教学管理信息化，为学生提供更为真实的实验教学体验。

“管理与创业实验丛书”是对上述实验、实训教学原则、教学思想、教学方法、教学手段和教学经验的归纳和总结，在编写过程中，力求顺应我国促进实验、实践教学改革的要求，采用分层次综合实验教学体系，依据管理与创业实验教学“实验、实训、实践、实习、创新”循序渐进的原则，让学生遵循“观、做、感、改、创”5 个基本过程进行训练，巩固所学知识，提高实际动手能力，促进学生个性发展。努力构建以基础课程训练为主的基础课程实验层次，以专业课程训练为主的专业课程实验层次，以培养综合专业能力为主的综合设计实验层次，以培养自主创新、创业、研究能力，提升综合素质的综合实训、实习层次的实验课程教学体系。该丛书汇集了教学团队多年积累的大量的实验教学素材、案例、心得和体会，在综合考虑管理类各专业学科间所具有的相互融合趋势的基础上，为师生提供一个能够模拟企业经营管理各项职能、运作过程及互动关系，综合管理实验、创业实践，跨专业综合实训、实习的富有特色、较为完整的实验教学范本。

丛书的编写倾注了江苏大学管理与创业教学团队教师的大量心血，希望能为我国管理与创业实验教学资源添砖加瓦，为培养大学生的实验、实践能力提供借鉴和帮助。

管理与创业实验实践教育的改革远未完成，高水平的管理与创业实验实践教材还相对匮乏，需要更多有志于从事管理与创业教育的同仁共同努力，使之臻于完善，从而为培养更多具有创新、创业能力的管理人才作出应有的贡献。

2016 年 4 月于江苏大学

# 前　　言

“运筹学”是高等院校经济管理理类专业的专业必修课程，设置该课程的目的是为学生学习专业课程奠定理论基础，培养学生优化系统的思维方法和逻辑推理能力，使学生能够运用模型技术、数量分析及优化方法分析解决各类系统优化问题，全面提升学生运用运筹学知识分析和解决实际问题的能力，使他们真正成为应用复合型人才。

现代运筹学的发展已经历了 70 多年，其应用范围也从最早的军事活动扩展到了众多行业和领域。在不断的发展中，运筹学中新的思想、观点和方法不断地出现，并有向大规模和复杂化发展的趋势。基于运筹学课程的特点，不断改革和完善本课程的教学内容和教学方法是非常有必要的。

运筹学的主要定量方法有：解线性规划问题的图解法、单纯形法、对偶单纯形法，解运输问题的表上作业法，解一般整数规划的分枝定界法、割平面法、解指派问题的匈牙利法，解多阶段优化问题的动态规划法，图与网络分析中的最小树、最短路、最大流等。以前这些方法的原理和步骤的教学主要通过教师在课堂上讲授，布置纸上的练习和作业，但由于学生人数较多，教学工作繁重，教师不可能仔细检查和批阅每位学生的作业，另外纸上作业也不便于反复交互训练，因此学生掌握有关原理和方法有较大的困难，学习的积极性也受到一定的影响。教师应以探索问题来引发和维持学习兴趣和动机，创建真实的教学环境，让学生带着任务学习并拥有学习的主动权。此外，教师应不断地激励学生，使其逐渐进步。

模拟教学是一种综合性很强的教学手段，通过模拟训练，可以让学生在类似游戏的环境中、在竞技中了解运筹学各种场景下的优化问题及优化方法，学会综合运用数学知识、数学思维及计算机技术解决各种类型的经济系统建模与优化。模拟实验教学的应用是一种建立在建构主义教学理论基础上的教学法。建构主义教学设计原则强调：学生的学习活动必须与大的任务或问题相结合。

基于以上思路，本教学团队开发了《运筹学》CAI 网络互动教学系统。该系统已于 2009 年获江苏省教育厅多媒体教学软件特等奖，并完成服务器端数据库的建设、装有 Windows 操作系统的电脑客户端和 Android 系统手机客户端的制作。其中课程管理子系统可实现选课班级的建立，管理学生的注册和授权，设置练习、测验和考试时间、选择和布置做题内容，了解和掌握学生学习情况；学生在客户端进行在线虚拟作业的练习子系统与测验子系统，可实现在线做题的反复人机互动；在线讨论子系统可实现师生互动和生生互动；在线考试子系统可实现智能快速组卷和半自动阅卷（选择题、判断题和计算题完全自动阅卷评分，填空题和案例应用题由教师审阅）。

《运筹学》CAI 网络互动教学系统的投入使用，激发了学生学习的主动性、对综合知识的探索性，增强了学生学习的兴趣、便捷性和学习效果，降低了教师的劳动强度，提高了教师的教学效率。

本教学系统自开发完成以来，已成功使用了 7 年。如今，这本配套的上机操作指导书终于要和广大师生见面了，希望本上机实验指导教材的出版，能给大家带来更多的方便，进一步提高教学效率和效果。

限于作者的水平与经验，书中难免会出现一些问题，希望专家和读者给出宝贵意见，以便进一步完善本教学系统和指导教材。

# 目　　录

# 第1章　实验前准备及相关说明

## 1.1　客户端插件的安装与系统注册登录

“《运筹学》CAI网络互动教学系统”是一个在线练习的系统，故所用电脑必须可连接网络，机房各客户端或学生自备电脑必须安装 Authorware Web Player 6.5 插件。若在理论课上进行在线互动练习，则只需要一部 Android 4.0 或以上版本的智能手机，安装“运筹学练习 App”即可使用。注意应先认真学好各相关内容的算法，然后可以在机房边看投影演示边操作，或在学理论课时一边看教师的多媒体演示，一边跟着教师的演示用手机进行练习。进入系统可选择学习 45 学时或 60 学时，45 学时的要求掌握前 8 个内容，60 学时的要求掌握系统中提供的全部内容。上机练习前，任课教师首先要选择教师身份登录系统并开通新班级，让学生完成所在班级的注册，然后重新进入系统激活全体班级的注册账号。学生在进入系统后，若选择在线练习，则最好先下载题目，并解压保存到自己想要存放的磁盘位置；如果不想用已下载的题目进行练习，也可自己创建题目后输入系统。

系统登录地址：http://fos.ujs.edu.cn/web/index.php，打开后出现登录框（如图 1-1 所示）。

没有账号的学生应先注册，注册时选择相应的任课教师和班级，用 10 位半角数字学号作为用户名，设置的登录密码至少为 6 位半角字符，可以是数字、字母或混合密码。学生注册页面如图 1-2 所示，根据页面提示完成注册，然后请任课教师激活。

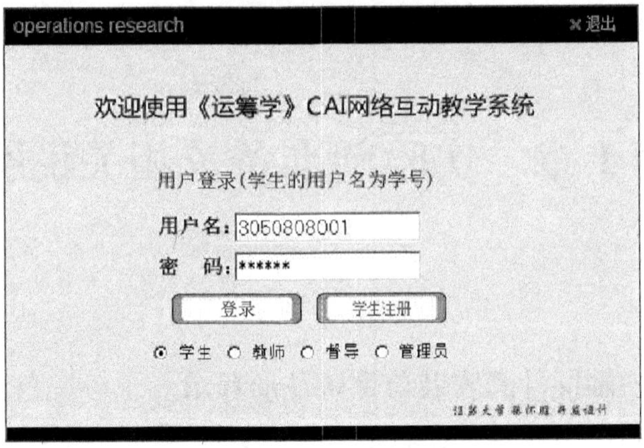


图 1-1　系统登录

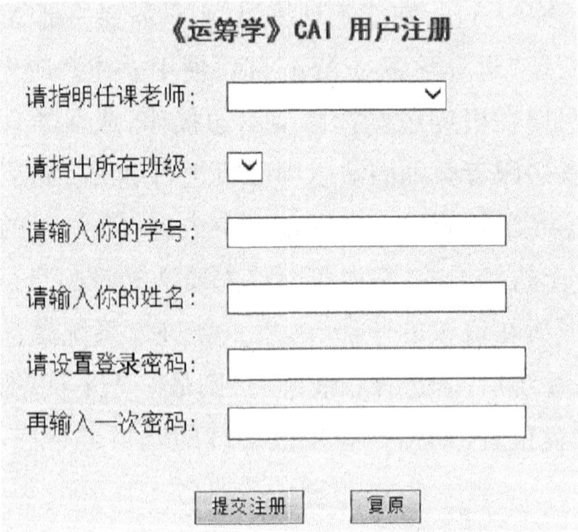


图 1-2　学生注册页面

教师对学生的账号激活授权后,学生便可以登录系统了,注意选择学生身份登录,如果忘记登录密码,请任课教师以教师身份登录系统,找到学生的记录后,在该生的测验成绩的链接处点击即可进入密码修改页面。例如,要修改郭竹媛的登录密码,教师应在登录课程管理页面后,找到郭竹媛所在行,点击郭竹媛的测验成绩(如图 1-3 所示),即可进入注册资料修改页面(如图 1-4 所示),最后在郭竹媛的密码一栏重新输入一个新密码即可。

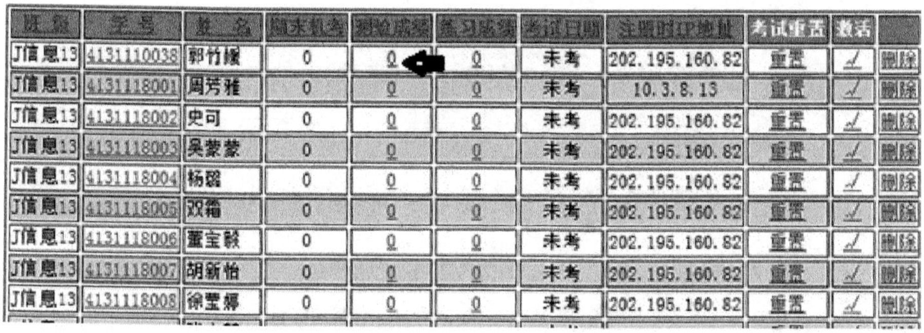

| 班级 | 学号 | 姓名 | 期末机考 | 测验成绩 | 练习成绩 | 考试日期 | 注册时IP地址 | 考试重置 | 激活 | |
|---|---|---|---|---|---|---|---|---|---|---|
| J信息13 | 4131110038 | 郭竹媛 | 0 | 0 | 0 | 未考 | 202.195.160.82 | 重置 | ✓ | 删除 |
| J信息13 | 4131118001 | 周芳雅 | 0 | 0 | 0 | 未考 | 10.3.8.13 | 重置 | ✓ | 删除 |
| J信息13 | 4131118002 | 史可 | 0 | 0 | 0 | 未考 | 202.195.160.82 | 重置 | ✓ | 删除 |
| J信息13 | 4131118003 | 吴蒙蒙 | 0 | 0 | 0 | 未考 | 202.195.160.82 | 重置 | ✓ | 删除 |
| J信息13 | 4131118004 | 杨璐 | 0 | 0 | 0 | 未考 | 202.195.160.82 | 重置 | ✓ | 删除 |
| J信息13 | 4131118005 | 双箱 | 0 | 0 | 0 | 未考 | 202.195.160.82 | 重置 | ✓ | 删除 |
| J信息13 | 4131118006 | 董宝毅 | 0 | 0 | 0 | 未考 | 202.195.160.82 | 重置 | ✓ | 删除 |
| J信息13 | 4131118007 | 胡新怡 | 0 | 0 | 0 | 未考 | 202.195.160.82 | 重置 | ✓ | 删除 |
| J信息13 | 4131118008 | 徐莹婷 | 0 | 0 | 0 | 未考 | 202.195.160.82 | 重置 | ✓ | 删除 |

图 1-3　课程管理页面

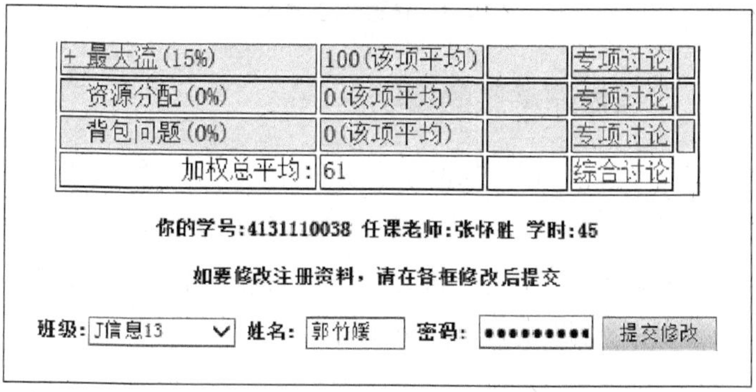


图 1-4　郭竹媛的测验成绩及资料页面

若学生注册时班级选择错误或姓名输入错误,如姓名一栏输入了学号,但学生能记住登录密码,则学生也可以自己登录系统(如图 1-5 所示),然后点击“修改注册资料”,便会出现图 1-6 所示的修改页面,重新选择班级或重新输入正确的姓名。

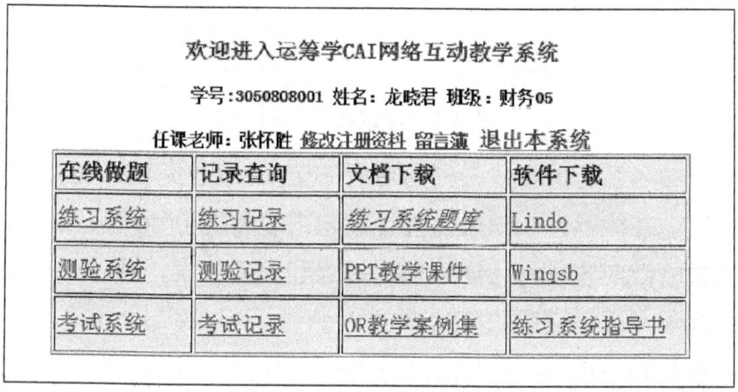


图 1-5　系统主界面

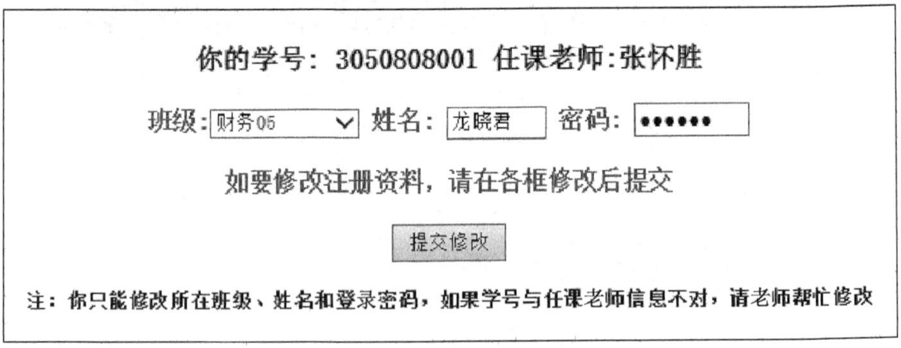


图 1-6　修改注册资料

## 1.2　三个在线做题系统的说明

在主目录页面中，除了可以修改注册资料外，平时主要是选择练习系统、测验系统做题，到了期末考试时还可以进入考试系统，点击“考试系统”，会出现“填空与判断”“选择题”“应用题”和“计算题”四种题型的链接，如图 1-7 所示。四种题型都要完成，每种题型单独提交并保存。

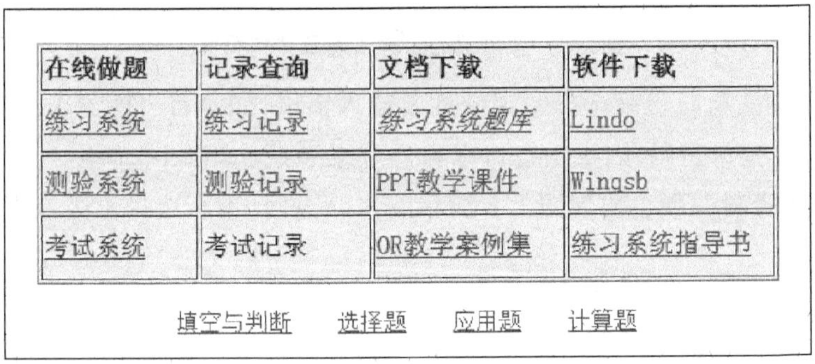

| 在线做题 | 记录查询 | 文档下载 | 软件下载 |
|---|---|---|---|
| 练习系统 | 练习记录 | 练习系统题库 | Lindo |
| 测验系统 | 测验记录 | PPT教学课件 | Wingsb |
| 考试系统 | 考试记录 | OR教学案例集 | 练习系统指导书 |

填空与判断　选择题　应用题　计算题

图 1-7　考试题型说明

三个在线做题系统的右边一列为对应的记录，做题完成并提交后即可保存到网络服务器。在练习记录中可以查看做题内容和得分，在测验记录与考试记录中可以查看已做内容、得分、详细批改过程和参考答案。注:考试记录的可查询时间被设置为考试完成后的第二天。

在练习系统做题时，学生可以自己创建题目，也可以读取练习系统题库中的题目，题库中的题目需先下载并解压。

在线测验子系统计算题不用题库，而是内含的出题软件现场自动随机出题，每种类型计算题的数量几乎是无穷多的；计算题出题时，软件会进行预判断和预处理，使每个学生的题目类型和难度都一样，但每个学生的题目数据互不相同。

在线测验子系统去掉了大量的提示，并且不接受学生输入题目（以防止学生输入过于简单的题目），因此允许学生自己发现并纠正错误。学生在做题过程中可以任意后退并修改，最后以提交的答案为准。

注：若点击测验系统或考试系统的计算题几秒钟后仍未有题目出现，则返回计算题的主目录，重新点击要进入的题目菜单即可。

在后续的各章中，将按不同的算法内容分别对练习系统与测验系统进行操作说明，每一算法内容为一章。

## 1.3　在线讨论的说明

学生登录系统后，便进入系统主界面，界面上有留言簿，见图 1-5。点击“留言簿”，便可进入在线讨论，如图 1-8 所示。

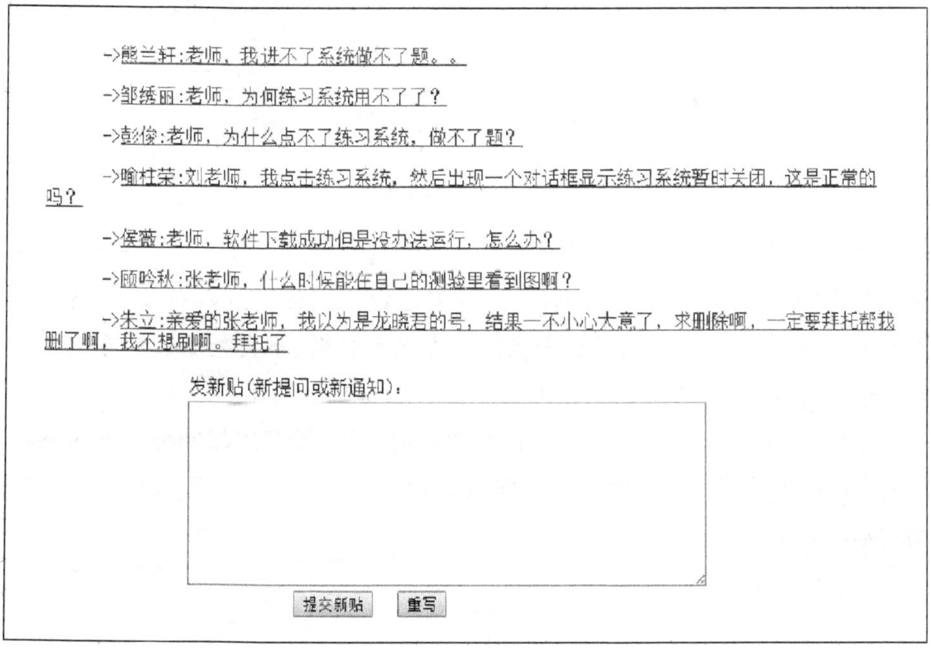


图 1-8　留言簿

在留言簿中点击每个帖子,便可展开查看有无回复及回复的内容。

另外,还有针对每道题目的专项讨论。在系统主界面点击“测验记录”或“测验系统”,做好一道题后点击“查看测验成绩”,便会进入做题者的测验记录页面,该页面有专项讨论的链接(如图 1-9 所示)。

**龙晓君的《运筹学》测验成绩记录表**

**(点击“此题详情”可查看批改情况!)**

进入测验系统做题　　返回主目录

| 测验内容与日期 | 成绩 | 上机IP | BBS |
|---|---|---|---|
| + LP的图解法(12%) | 96(该项平均) | | 专项讨论 |
| + LP单纯形解法(15%) | 97(该项平均) | | 专项讨论 |
| + 对偶单纯形法(12%) | 88(该项平均) | | 专项讨论 |
| + 表上作业法(15%) | 92(该项平均) | | 专项讨论 |
| + 匈牙利解法(12%) | 98(该项平均) | | 专项讨论 |
| + 最小生成树(7%) | 95(该项平均) | | 专项讨论 |
| + 最短路问题(12%) | 89(该项平均) | | 专项讨论 |
| + 网络最大流(15%) | 82(该项平均) | | 专项讨论 |
| + 资源分配(0%) | 100(该项平均) | | 专项讨论 |
| + 背包问题(0%) | 100(该项平均) | | 专项讨论 |
| 加权总平均: | 92 | | 综合讨论 |

**图 1-9　测验记录**

在图 1-9 所示的测验记录页面,针对每项测验内容的题目,均可进行专项讨论,如在“LP 图解法”一行中的右端点击“专项讨论”,便可进入对 LP 图解法题目的单项讨论,可以对系统批改未懂的地方或不会做、不会判断的地方进行提问,教师或其他同学也可回复此同学的提问,如图 1-10 所示。

注意:当学生在单项内容中有新的做题记录时,原有的相同标题的做题记录便会被覆盖,同时,此标题内容的做题记录中原有的留言内容或讨论便会自动删除。

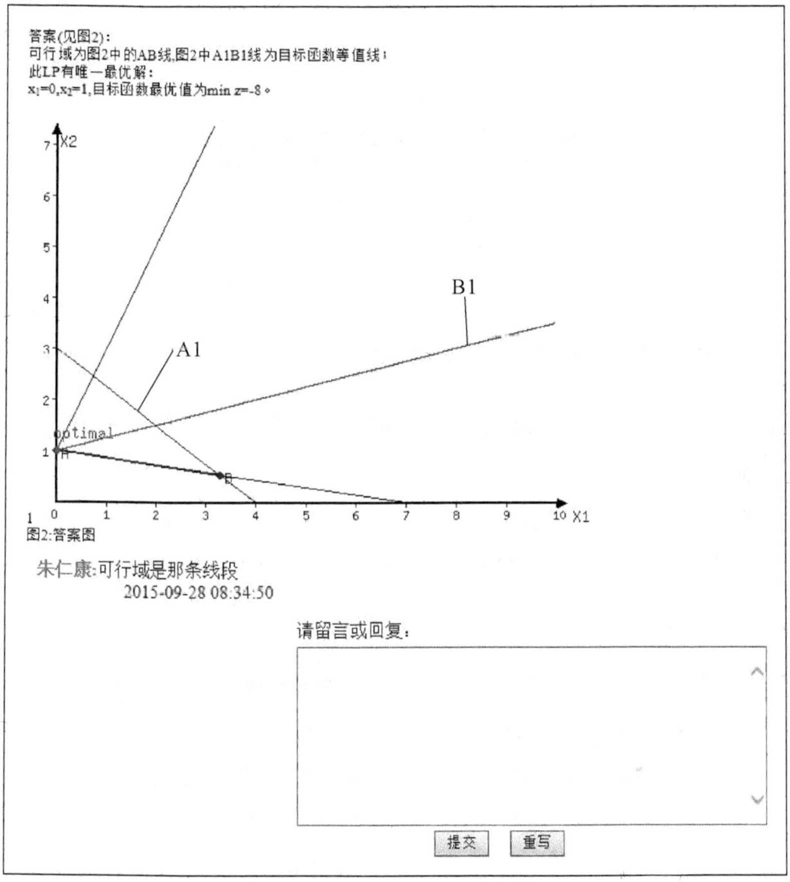
答案(见图2)：
可行域为图2中的AB线,图2中A1B1线为目标函数等值线；
此LP有唯一最优解：
x1=0,x2=1,目标函数最优值为min z=-8。
X2
B1
A1
optimal
X1
图2:答案图
朱仁康:可行域是那条线段
2015-09-28 08:34:50
请留言或回复：
提交
重写

图 1-10　单项讨论

# 第2章　LP图解法

## 2.1　LP图解法的练习系统做题

在系统主界面中点击“在线做题”中的“练习系统”，便出现图2-1所示的练习内容目录。

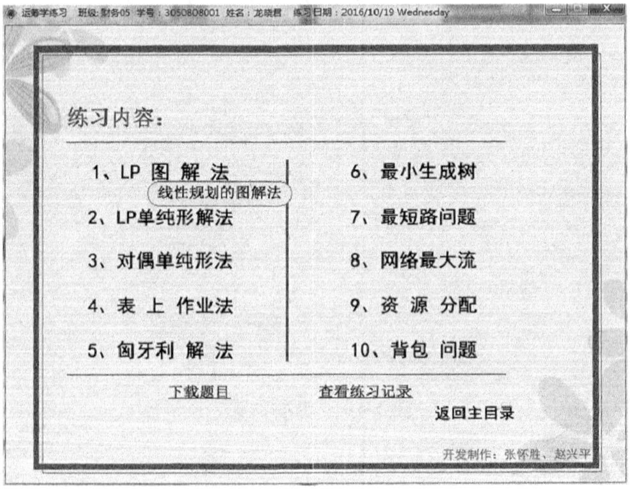


**图2-1　练习系统内容目录**

在“练习内容”中点击“1、LP图解法”，出现LP图解法开始页面（如图2-2所示）。

可把磁盘中已有的题目读到输入框中，也可在输入框中新建一个题目（如图2-3所示）。如果本地磁盘上没有题目，可在主目录中下载。

题目输入完毕或读取题目后，点击“开始求解(S)”，即可进入交互练习。

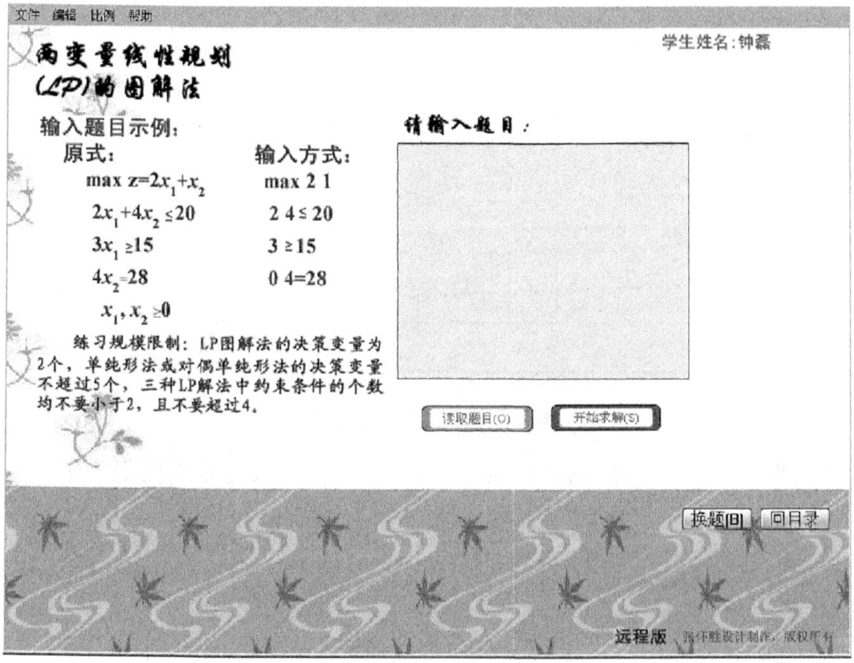


图 2-2　LP 图解法输入或读取题目

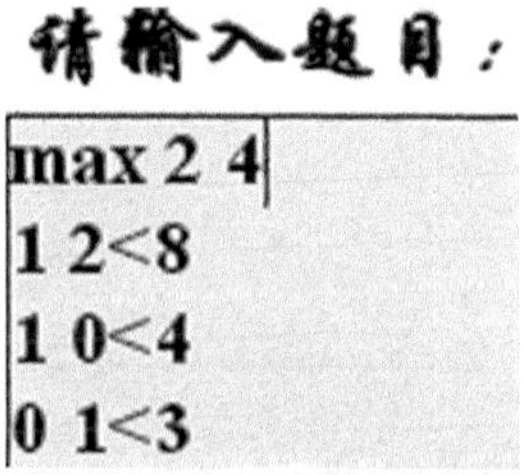


图 2-3　输入题目

图 2-4 是题目输入完成后练习开始时的页面。

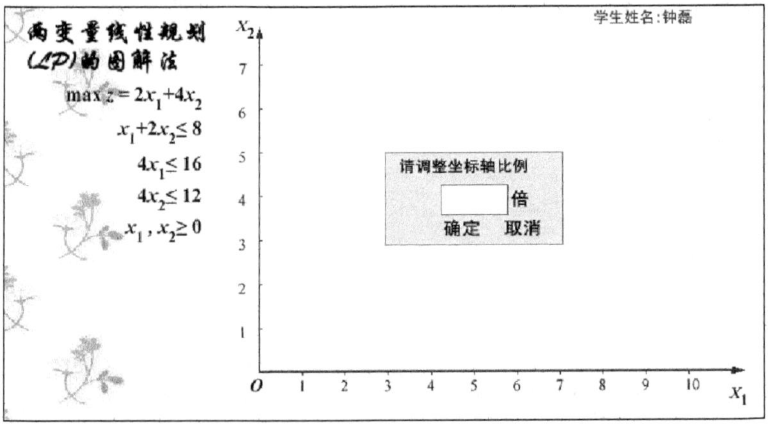


图 2-4　调整坐标轴比例

如果坐标刻度值不能满足题目要求,则应先放大或缩小刻度值。输入完毕后,回车或点击“确定”,出现图 2-5,这里选择“自我练习(P)”。

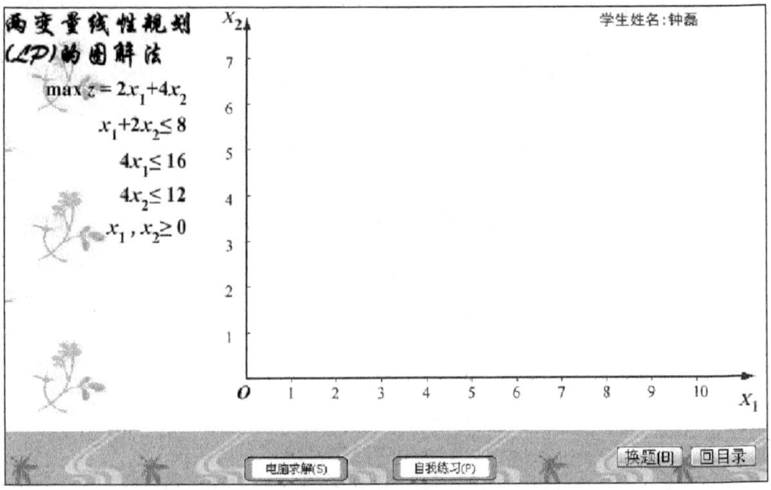


图 2-5　“电脑求解”与“自我练习”选择

点击“自我练习(P)”后,便可开始画约束条件可行域(如图 2-6 所示)。

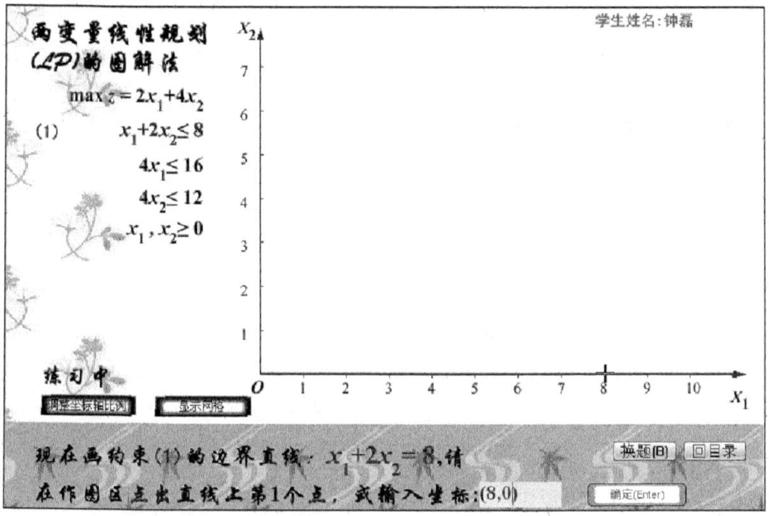


图 2-6　画约束(1)的边界线

图 2-6 出现的是画第一个约束条件的边界线，只要给出直线上两个点的坐标或在第一象限上标出直线上两点即可。

标出正确的两点或输入正确的两点的坐标后，直线便自动产生，如图 2-7 所示。

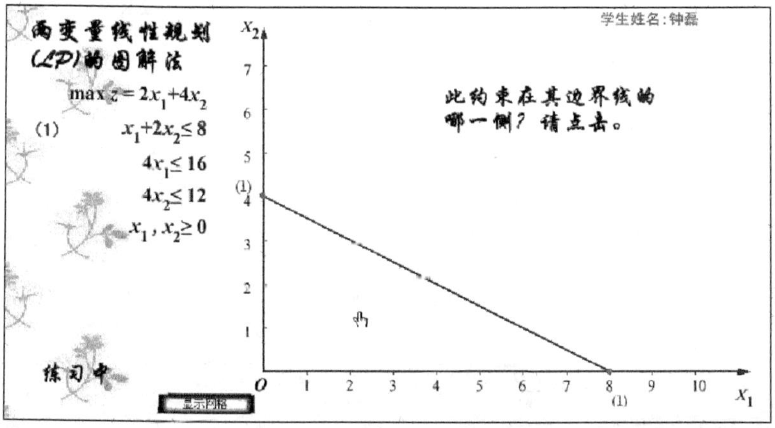


图 2-7　选择约束(1)的范围

可以看出，第一个约束条件的不等式所表示的范围在它的边界线的左下方。

因此,可将鼠标置于图 2-7 中所画线的左下侧并点击,若程序判断点击位置正确,便产生正确的第一个约束条件的范围,以阴影线表示,如图 2-8 所示。

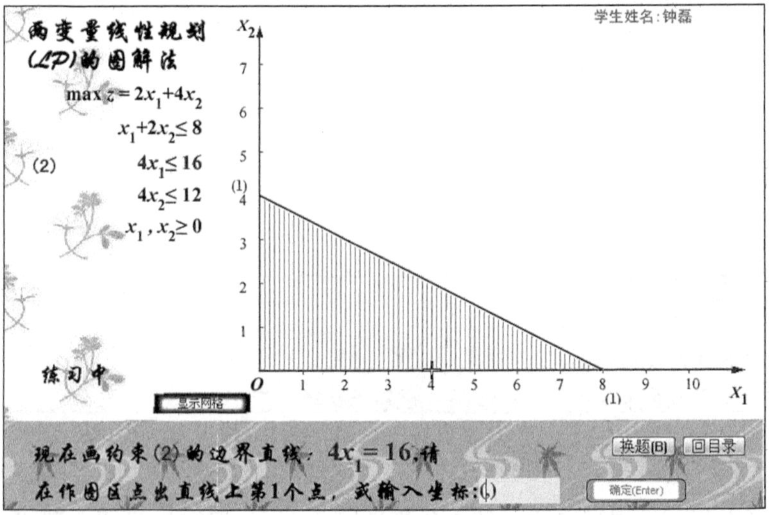


图 2-8　约束(1)范围完成及约束(2)开始

依此进行下去,便可产生所有约束条件的公共范围,即可行域,如图 2-9 所示。

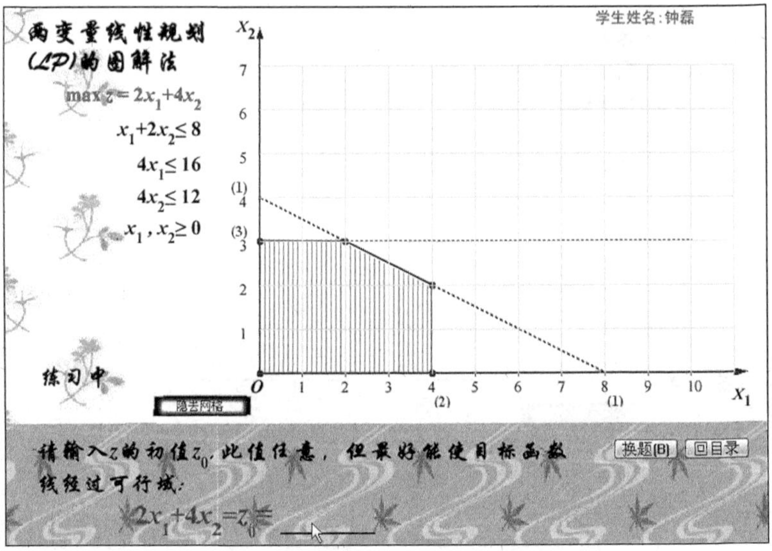


图 2-9　可行域

接下来确定目标函数等值线。目标函数的初始值可以任意给定，这里为了作图的方便，给出目标函数中两个自变量系数“2”和“4”的倍数“8”（取适当的公倍数均可），如图 2-10 所示，输入“8”。

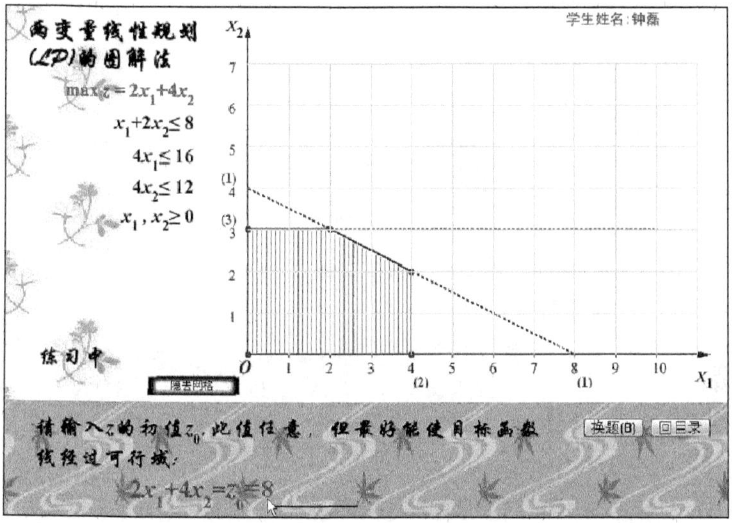


**图 2-10　确定目标函数初值**

按输入的目标函数初值 8 找出目标函数初始线上的两个点，如图 2-11 所示。

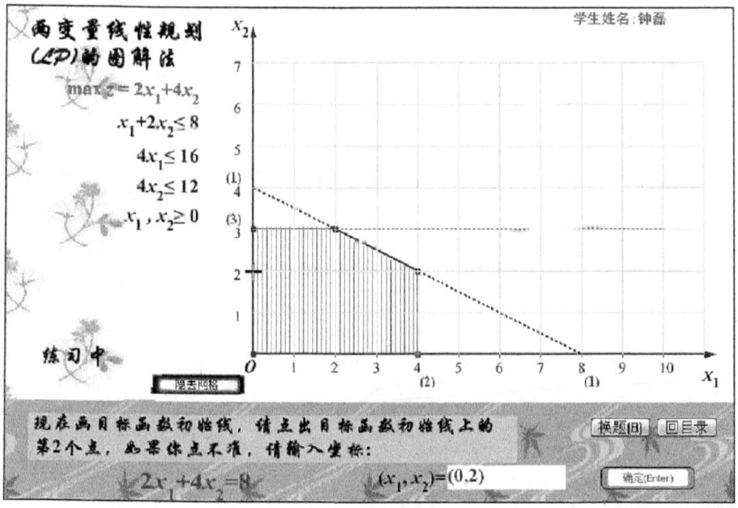


**图 2-11　确定目标初始线上的两个点**

两点确定后，程序画出目标函数初始线，如图 2-12 所示。

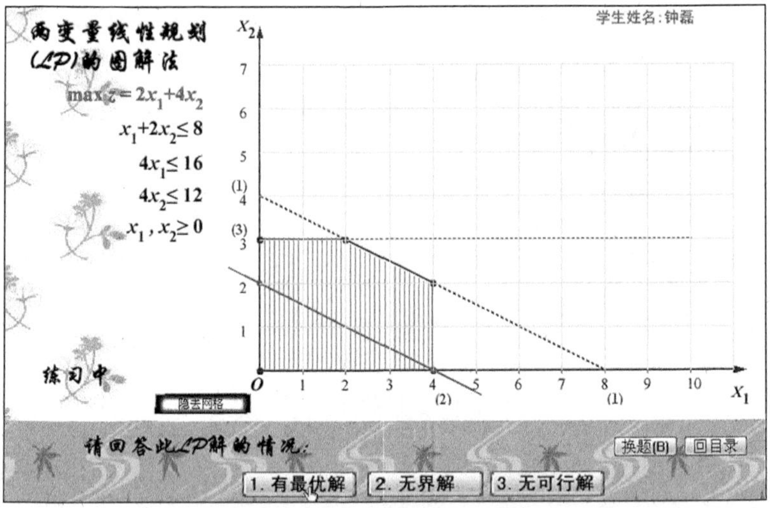


**图 2-12　完成目标初始线并判断**

由图 2-12 可见，约束条件的范围（阴影部分）是有界闭的，所以此题有最优解，点选第一个按钮“1. 有最优解”。

由于目标是求最大值，且决策变量的系数为正，故拖动目标函数线向右上方平移，当移动到边界时，目标函数即达到最大值。如图 2-13 所示，此题目标函数的最大值在右上边界的线段上取得最优解，顶点最优解有两个，一个是：$x_1=2$，$x_2=3$；另一个是：$x_1=4$，$x_2=2$。只要写出一个解即可。将最优解代入目标函数 $z=2x_1+4x_2$ 中，计算得到目标函数的最大值为 16，按回车键或点击“确定（Enter）”结束做题。

图 2-14 所示为正确答案和对做题者的评判，按任意键或单击鼠标即可显示此题得分。

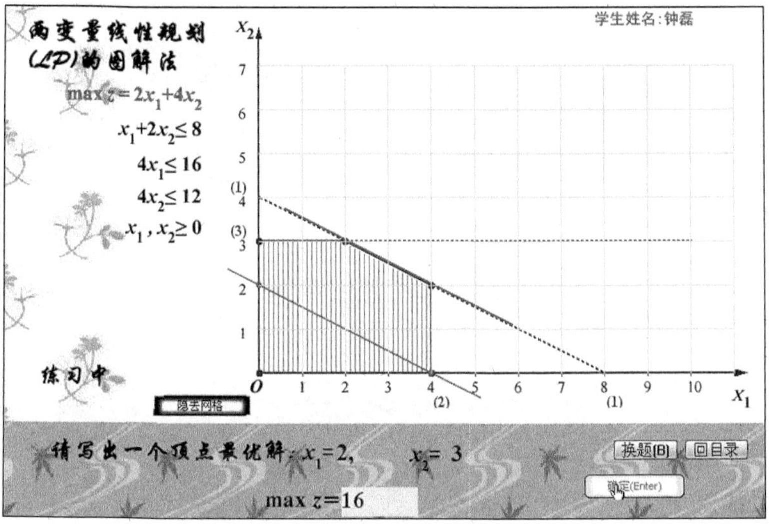


图 2-13　输入最优解

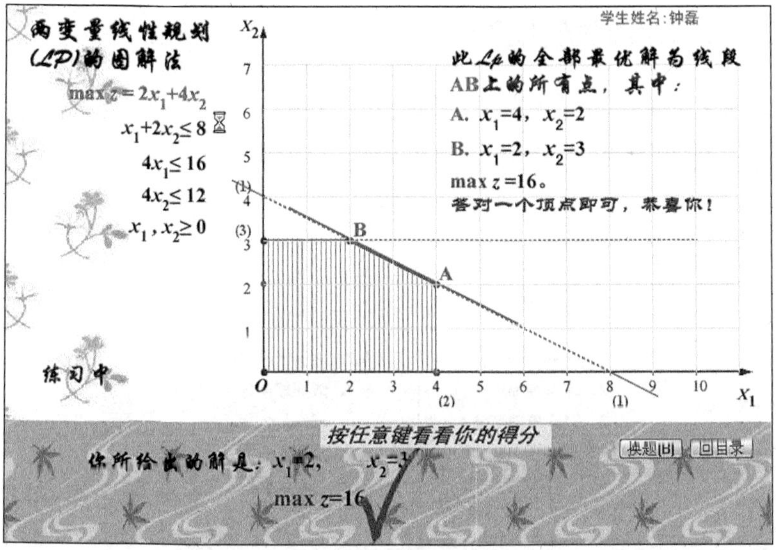


图 2-14　解题结果

图 2-15 所示为对此题的评分。

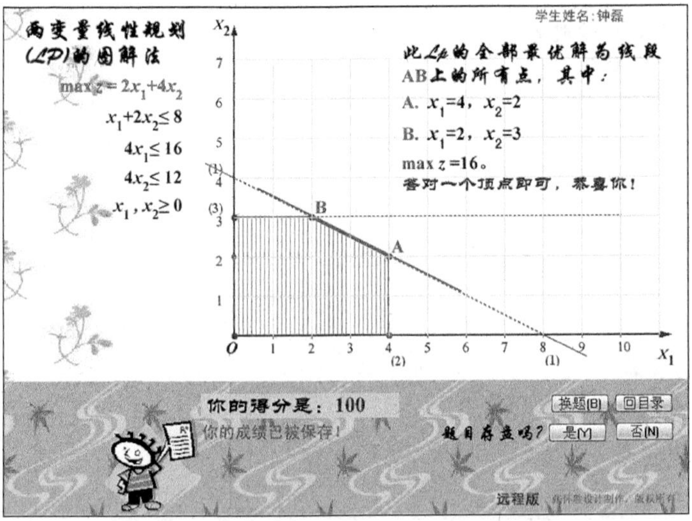


图 2-15　图解法评分

## 2.2　LP 图解法的测验系统做题

在系统主界面的目录中点击“测验系统”后，出现 10 个测验内容目录(如图 2-16 所示)，点击“1、LP 的图解法”。

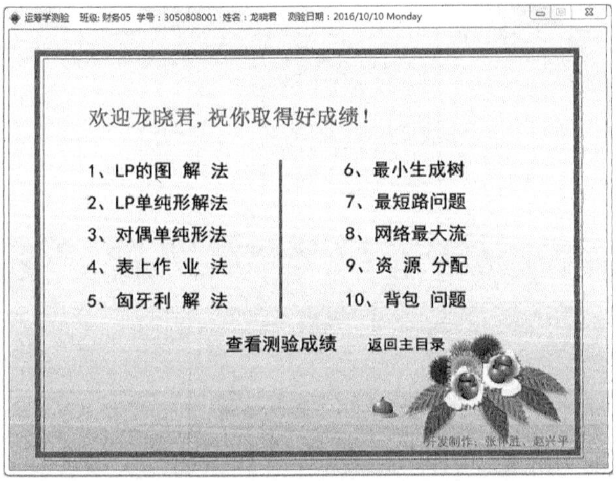


图 2-16　测验系统内容目录

出题软件随机配好线性规划题目的参数后，显示题目(如图 2-17 所示)。

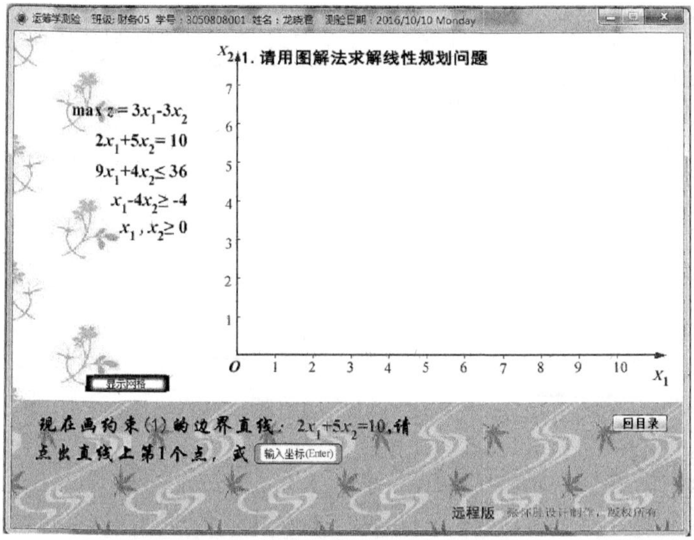


图 2-17　出现题目并开始画约束(1)的边界

题目出现后,开始从第一个约束画起,每一个约束的边界线既可以通过标出直线上的任意两点得到,也可以通过输入两个点的坐标得到。

图 2-18 中用输入坐标的方式给出了约束(1)边界线的第一个点(5,0),也可直接在坐标平面 $X_1$ 轴上数字 5 的位置点击(如图 2-19 所示)。

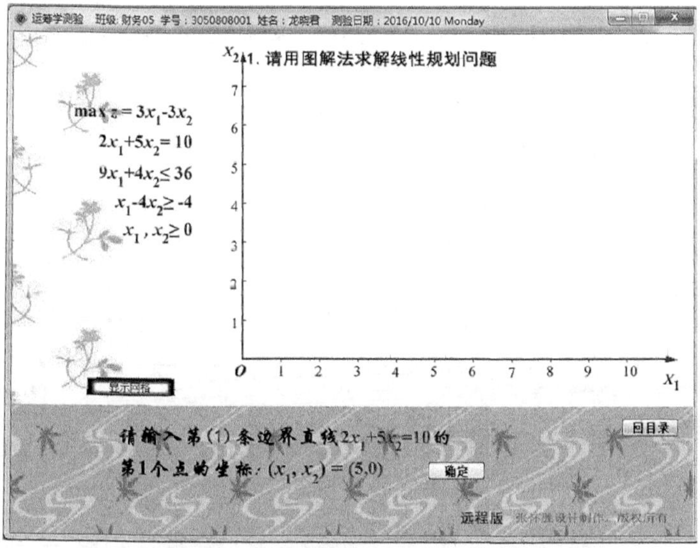


图 2-18　获取约束(1)边界线的第一个点

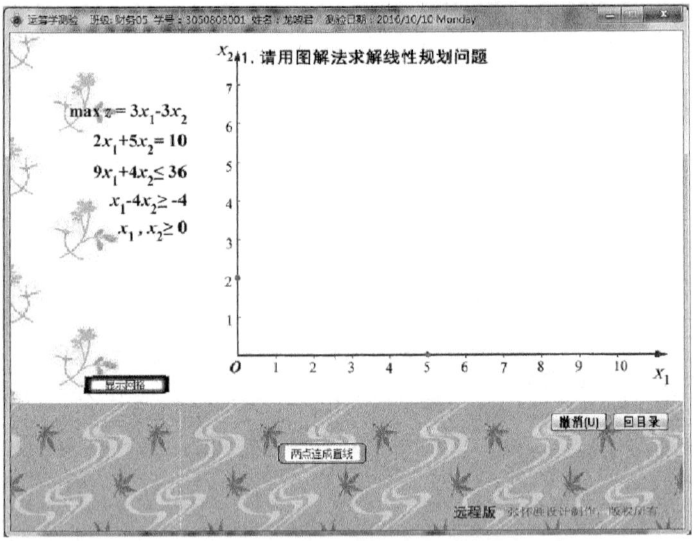


图 2-19　获取约束(1)边界线的两个点

利用同样的方法可以得到约束(1)边界线的第二个点(0,2)。应注意,用点击方式时应在 $X_2$ 轴上数字 2 的位置点击。

点击或输入两点的坐标后,点击“两点连成直线”即可得到此约束的边界线(如图 2-20 所示)。

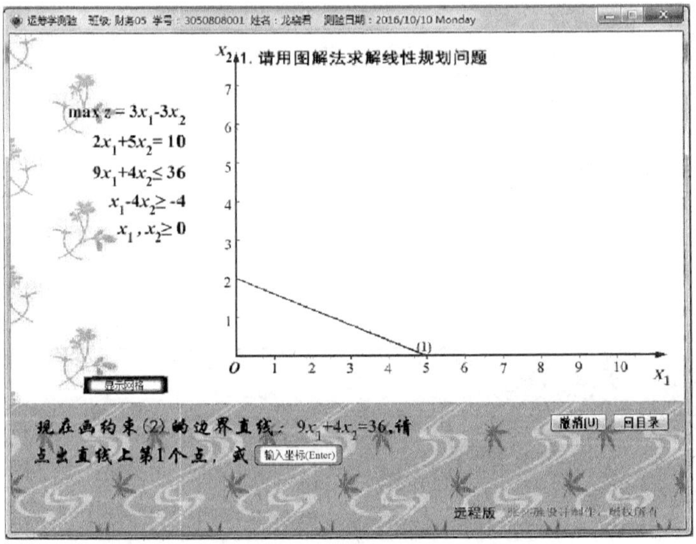


图 2-20　出现约束(1)的边界线并开始约束(2)

以此类推，即可得到所有约束条件边界线，如图 2-21 所示。

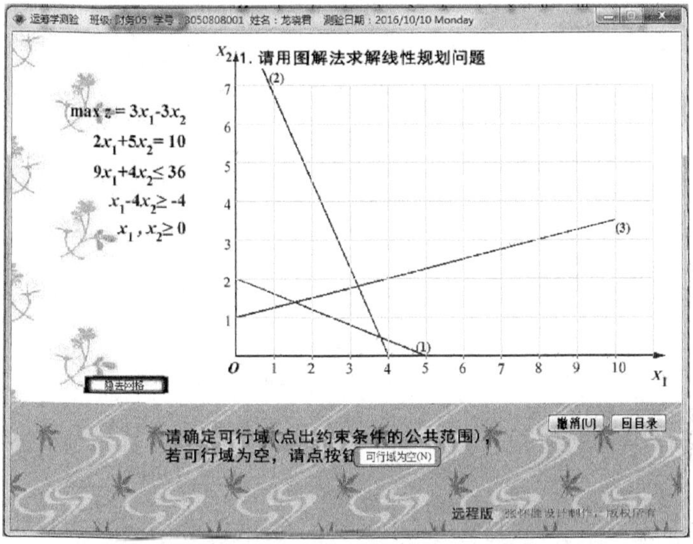


图 2-21　完成所有约束线并选择可行域

选择所有约束的公共区域或选择“可行域为空(N)”，此题的可行域是第一条边界线被第二、第三边界线所截的线段，故应选择此线段（如图 2-22 所示）。

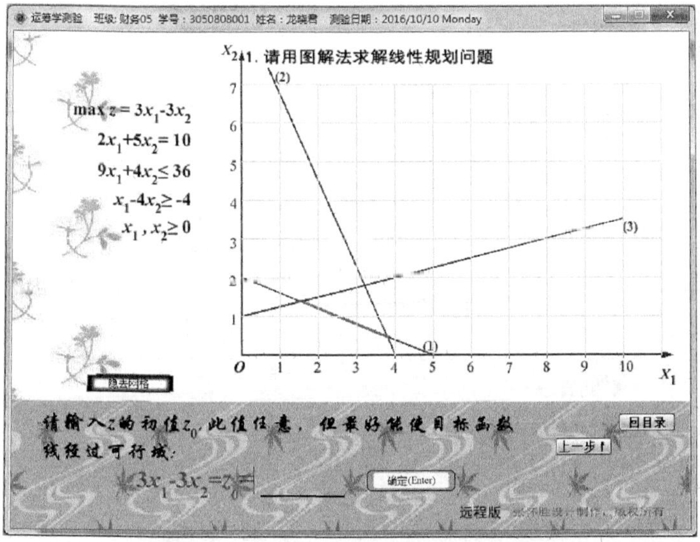


图 2-22　完成可行域选择并选择目标线

最后画目标线，由于目标函数中两个变量的系数异号，故最好取初值 0 来画线。目标线完成后系统以红色线显示（如图 2-23 所示）。

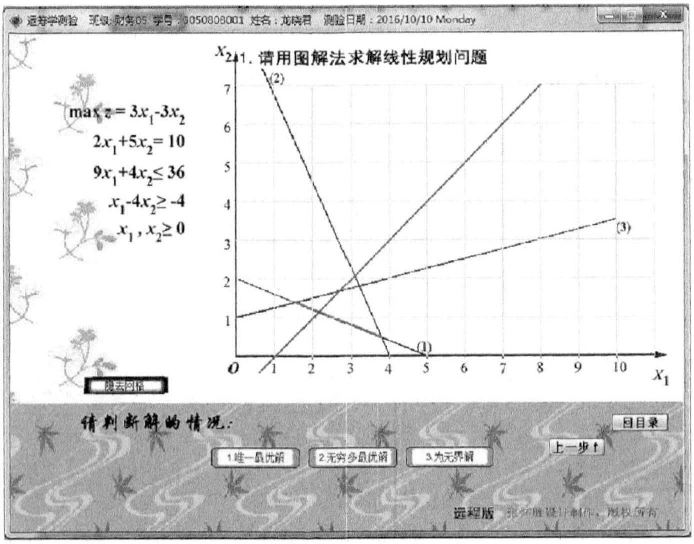


图 2-23　完成目标线并判断

通过平移目标线（本题为右移）即可得到最优解的位置为第一约束线和第二约束线的交点，解此交点得最优解，如图 2-24 所示。

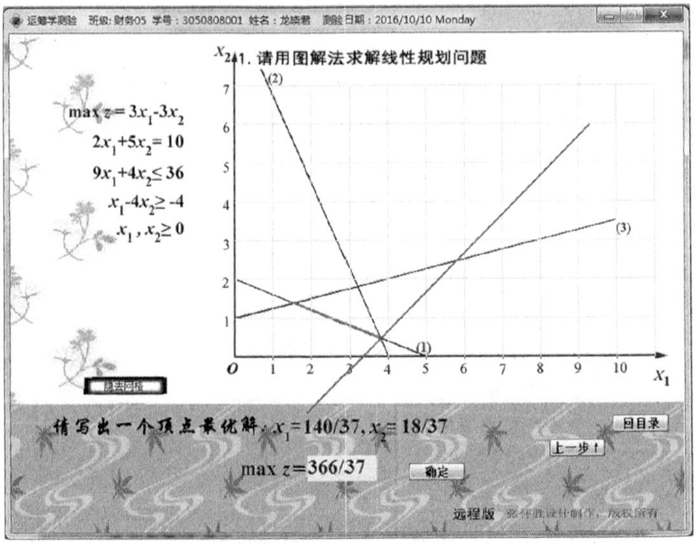


图 2-24　输入解题结果

点击“提交”按钮，做题记录便被保存到服务器。查看批改情况可以点击“回目录”按钮，如图 2-25 所示。返回内容目录后，点击“查看测验成绩”按钮，如图 2-26 所示。

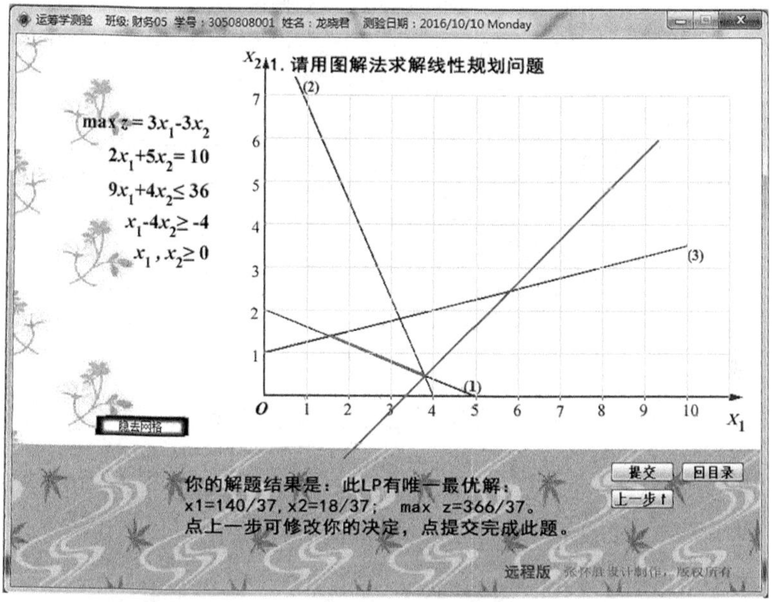


图 2-25　显示并提交解题结果

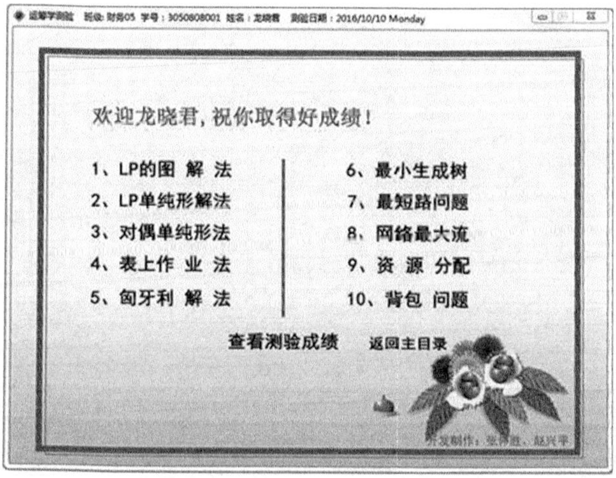


图 2-26　返回内容目录查看测验成绩

点击“查看测验成绩”按钮后，所有内容的测验平均成绩如图 2-27 所示。

| 测验内容与日期 | 成绩 | 上机IP | BBS |
|---|---|---|---|
| + LP的图解法(12%) | 96(该项平均) | | 专项讨论 |
| + LP单纯形解法(15%) | 97(该项平均) | | 专项讨论 |
| + 对偶单纯形法(12%) | 88(该项平均) | | 专项讨论 |
| + 表上作业法(15%) | 92(该项平均) | | 专项讨论 |
| + 匈牙利解法(12%) | 98(该项平均) | | 专项讨论 |
| + 最小生成树(7%) | 95(该项平均) | | 专项讨论 |
| + 最短路问题(12%) | 89(该项平均) | | 专项讨论 |
| + 网络最大流(15%) | 82(该项平均) | | 专项讨论 |
| + 资源分配(0%) | 100(该项平均) | | 专项讨论 |
| + 背包问题(0%) | 100(该项平均) | | 专项讨论 |
| 加权总平均: | 92 | | 综合讨论 |

**图 2-27　显示平均测验成绩**

点击内容名称左边的加号可展开此内容的做题记录及每题得分(如图 2-28 所示)。

| 测验内容与日期 | 成绩 | 上机IP | BBS |
|---|---|---|---|
| - LP的图解法(12%) | 96(该项平均) | | 专项讨论 |
| 2015-12-14 18:38:43 | 100 | 211.65.82.207 | 此题详情 |
| 2015-12-14 18:40:23 | 100 | 211.65.82.207 | 此题详情 |
| 2015-12-14 19:46:55 | 100 | 211.65.82.207 | 此题详情 |
| 2015-12-14 19:54:51 | 89 | 211.65.82.207 | 此题详情 |
| 2016-01-05 10:13:42 | 78 | 121.248.209.29 | 此题详情 |
| 2016-01-05 10:14:43 | 100 | 121.248.209.57 | 此题详情 |
| 2016-01-05 16:04:55 | 100 | 211.65.82.195 | 此题详情 |
| 2016-10-10 08:38:42 | 100 | 180.118.108.252 | 此题详情 |
| + LP单纯形解法(15%) | 97(该项平均) | | 专项讨论 |
| + 对偶单纯形法(12%) | 88(该项平均) | | 专项讨论 |
| + 表上作业法(15%) | 92(该项平均) | | 专项讨论 |
| + 匈牙利解法(12%) | 98(该项平均) | | 专项讨论 |
| + 最小生成树(7%) | 95(该项平均) | | 专项讨论 |
| + 最短路问题(12%) | 89(该项平均) | | 专项讨论 |
| + 网络最大流(15%) | 82(该项平均) | | 专项讨论 |
| + 资源分配(0%) | 100(该项平均) | | 专项讨论 |
| + 背包问题(0%) | 100(该项平均) | | 专项讨论 |
| 加权总平均: | 92 | | 综合讨论 |

**图 2-28　展开图解法测验记录**

进一步点击“此题详情”，即可查看到每题的做题记录和详细的批改情况。

# 第3章　LP 单纯形解法

## 3.1　LP 单纯形解法练习系统做题

在练习系统内容目录中点击“2、LP 单纯形解法”，如图 3-1 所示。

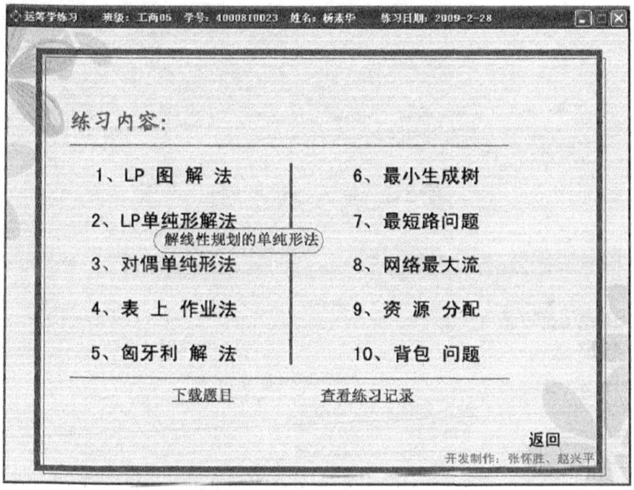


**图 3-1　练习系统内容目录**

在输入框中输入一个题目（注意规模限制），也可把磁盘中已下载的题目读到输入框中，如图 3-2 和图 3-3 所示。

题目输入完毕或读取题目后，点击“开始求解(S)”按钮，进入交互练习中的模型标准化（如图 3-4 所示）。

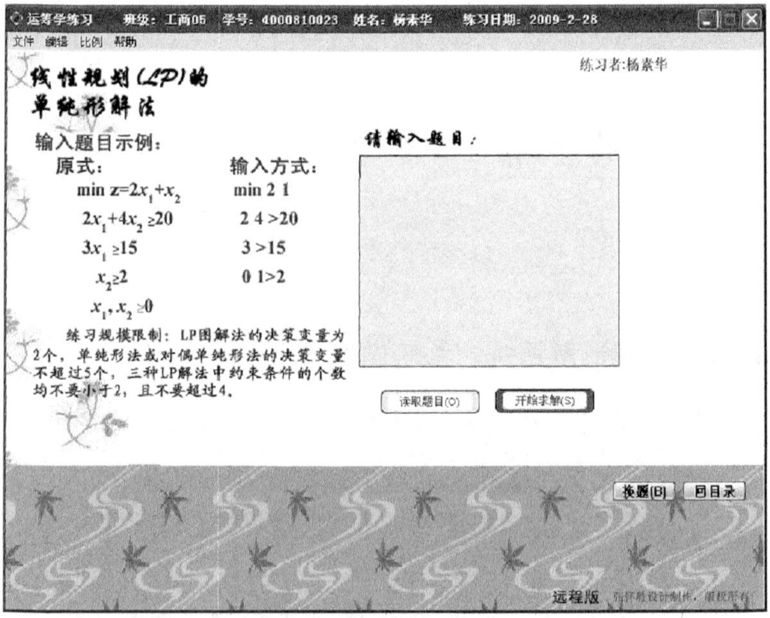


图 3-2　输入或读取题目

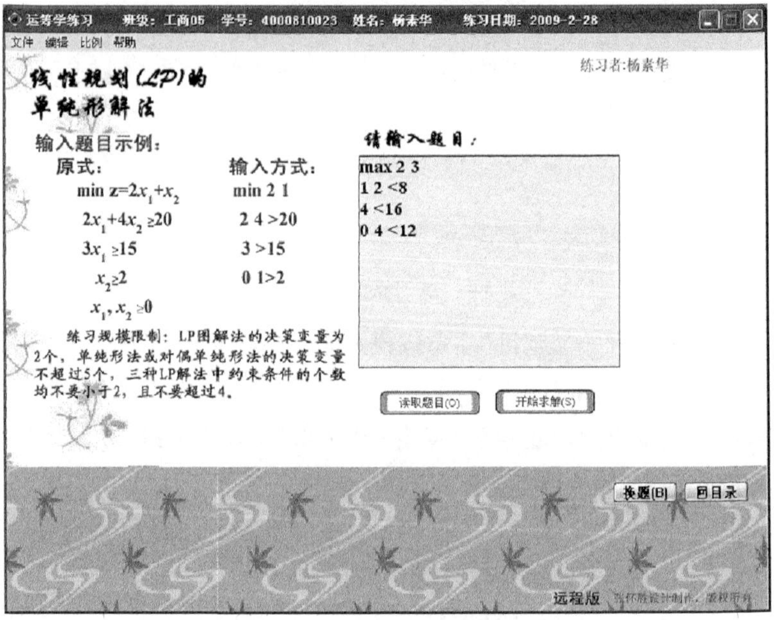


图 3-3　获取题目完成

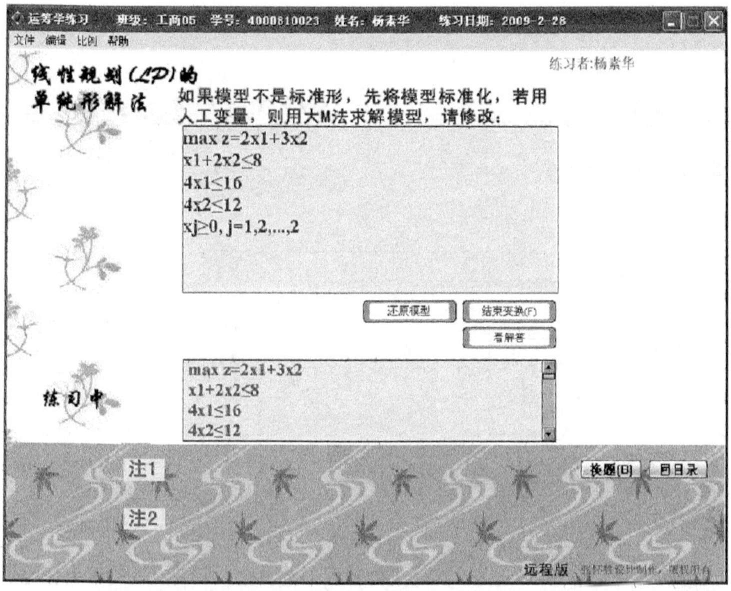


图 3-4 化标准形或大 M 法的辅助模型

由于模型不是标准形，故应先将模型标准化，可在题目框中直接修改，如图 3-5 所示。

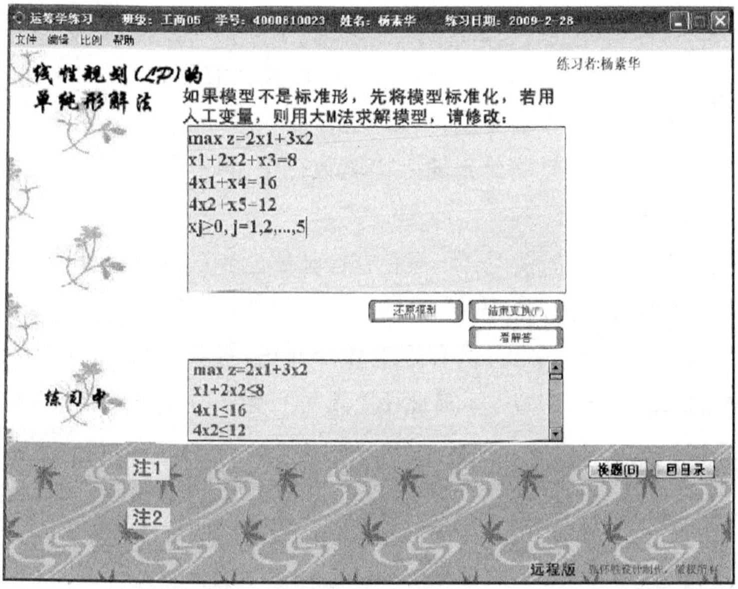


图 3-5 完成标准形

将模型标准化后，点击“结束变换(F)”按钮，转入初始单纯形表(如图 3-6 所示)。

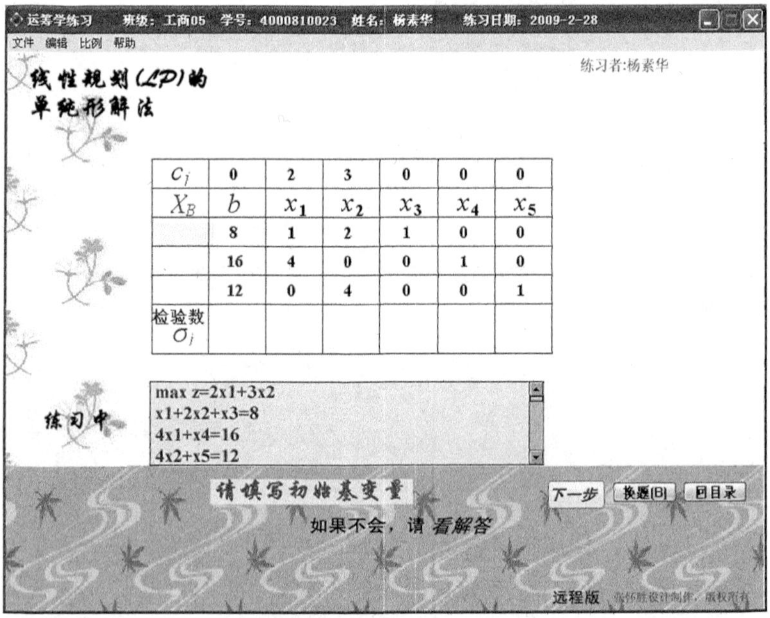


**图 3-6　建立初始单纯形表**

根据提示，填写初始基变量，可在基变量 $X_B$ 输入框中直接输入，也可以点击基变量所在的位置。本题中由于 $x_3, x_4, x_5$ 所在列的系数组成单位矩阵，故依次点击 $x_3, x_4, x_5$ 作为初始基变量，然后点击“下一步”。依次计算各个检验数，点击“确定”后系统会自动将结果输入检验数行中，再点击“下一步”，得到初始单纯形表，如图 3-7 所示。

根据检验数判断解的情况：① 若所有检验数全非正，且基变量 $X_B$ 列中无人工变量，则当前解已最优；② 若有正检验数，且与此正检验数对应的该列系数全非正，则此 LP 为无界解；③ 若所有检验数全非正，且基变量 $X_B$ 列中含有人工变量(左边的 $C_B$ 列含有“$M$”)，则此 LP 无可行解；④ 否则，点击“4. 需继续运算”。

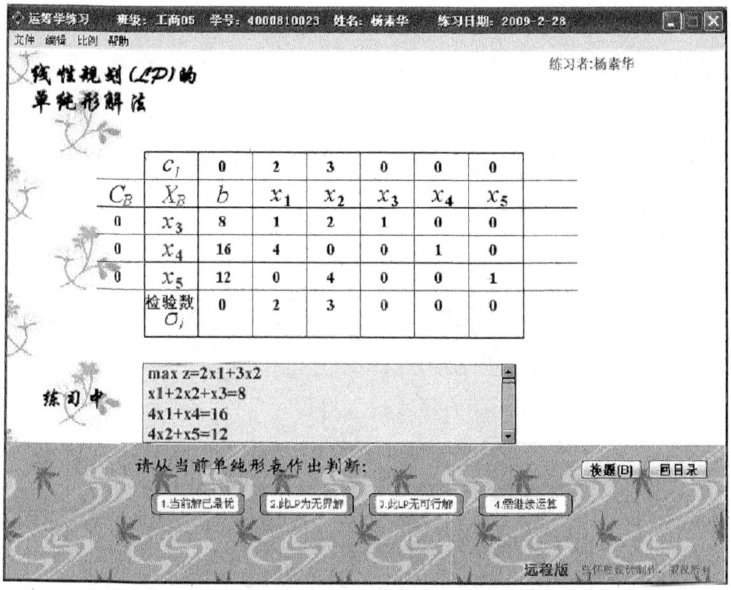


图 3-7　完成初始单纯形表并判断

本题当前有两个正检验数“2”和“3”，且它们对应列的系数均有正数，故选择“4. 需继续运算”，转入基变量交换，如图 3-8 所示。

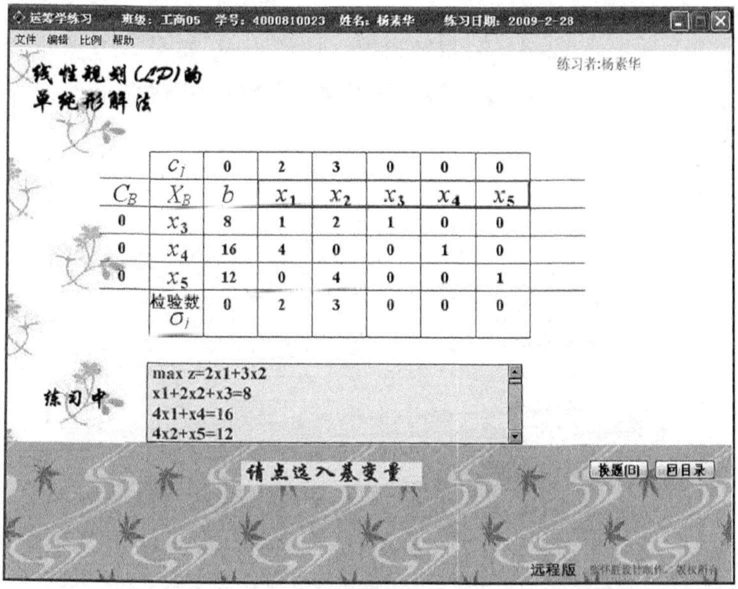


图 3-8　选择入基变量

根据提示选择入基变量，由于 $3>2$，故选择 $x_2$ 作为入基变量，直接点击 $x_2$ 即可。为了确定出基变量，需要计算 $b$ 列与入基变量所在列（此题当前为 $x_2$ 列）对应的大于 0 的系数之比值，如图 3-9 所示。

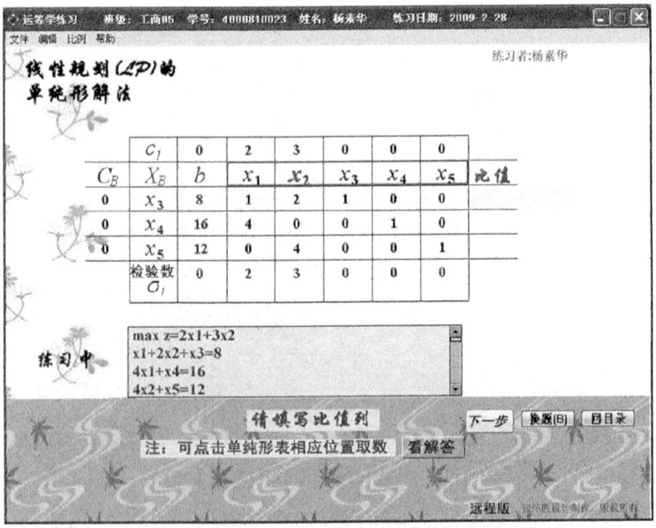


图 3-9　完成入基变量并开始计算比值

计算单纯形表中常数项 $b$ 列与 $x_2$ 列对应的正系数之比，此处第一个比值为 $8/2=4$，第三个比值为 $12/4=3$，将结果填入比值列中，如图 3-10 所示。

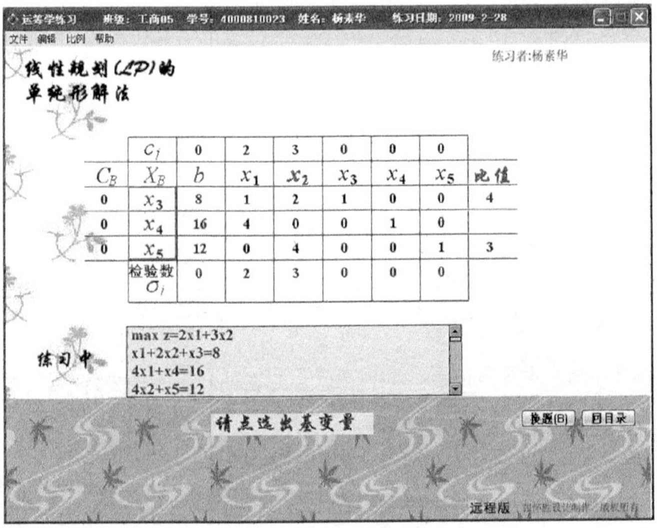


图 3-10　比值计算结果

根据比值选取出基变量，由于比值 3 <4，故选择 $X_B$ 列中的 $x_5$ 作为出基变量，完成基变量交换，结果如图 3-11 所示。

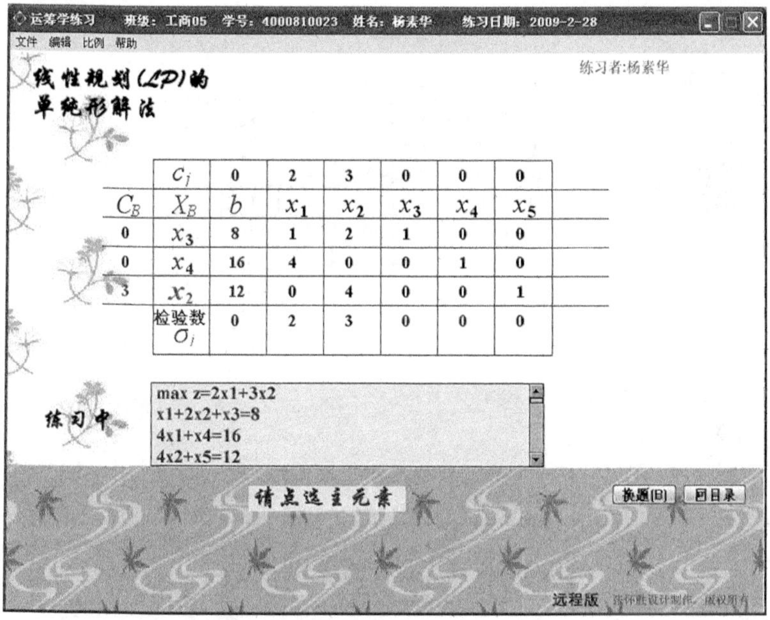


图 3-11　完成基变换并开始选取主元素

主元素是入基变量所在列与出基变量所在行交叉点的数字，本题当前出基变量 $x_5$ 已被换出，新的基变量 $x_2$ 已填入原基变量 $x_5$ 的位置，故选择新的基变量 $x_2$（$X_B$ 列中的 $x_2$）所在行与变量行中的入基变量 $x_2$所在列的交点数字 4 为主元素。完成主元素的选取后，开始行变换，如图 3-12 所示。

在图 3-12 界面的下方进行各行的行变换，由于刚入基的变量 $x_2$ 在第 3 行，所以先对第 3 行进行行变换，主元素需要通过初等行变换变为“1”，故先点击“第 3 行”按钮，再点击除号“/”，最后点击主元素“4”，即主元行除以主元素，则主元素即可变为“1”，点击“确定”。结果如图 3-13 所示。

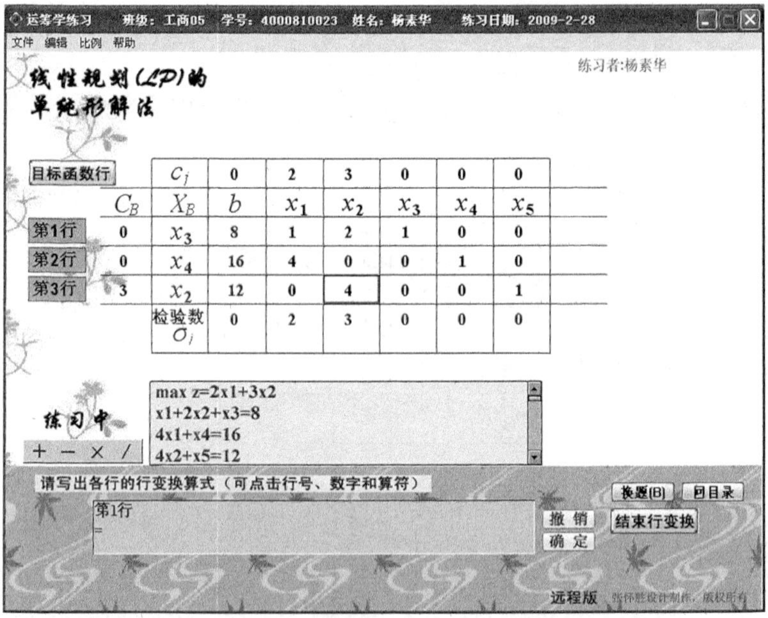


图 3-12　选取主元素并开始行变换

图 3-13　主元行的初等行变换

主元列上主元素变为“1”后，其他元素需化为“0”，由于主元列上第 1 行的数字为“2”，需消去，故对第 1 行进行初等行变换，依次点击“第 1 行”、减号“ − ”、“第 3 行”、乘号“ × ”，最后输入“2”，即：第 1 行 = 第 1 行 − 第 3 行 ×2，以消去主元列上第 1 行的“2”，如图 3-14 所示。这样便完成了第 1 行的变换，点击“确定”。

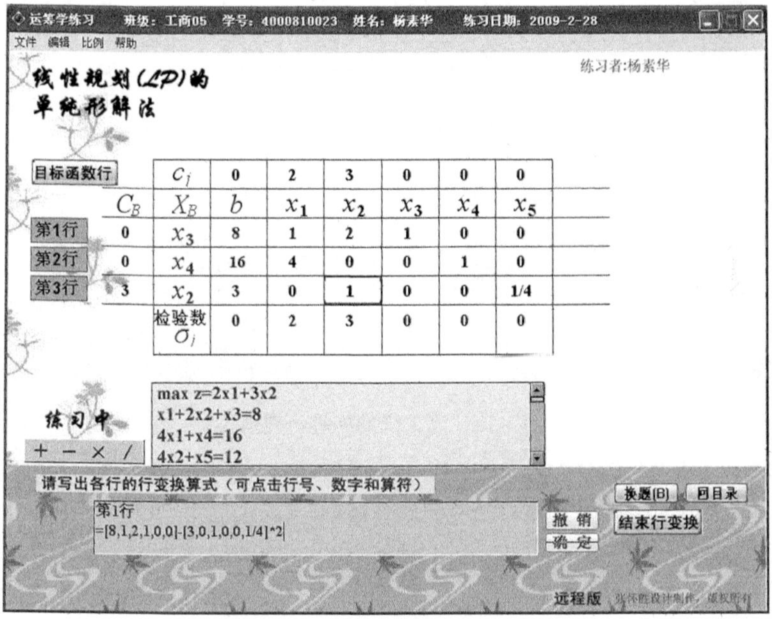


| | $c_j$ | 0 | 2 | 3 | 0 | 0 | 0 |
|---|---|---|---|---|---|---|---|
| $C_B$ | $X_B$ | $b$ | $x_1$ | $x_2$ | $x_3$ | $x_4$ | $x_5$ |
| 0 | $x_3$ | 8 | 1 | 2 | 1 | 0 | 0 |
| 0 | $x_4$ | 16 | 4 | 0 | 0 | 1 | 0 |
| 3 | $x_2$ | 3 | 0 | 1 | 0 | 0 | 1/4 |
| | 检验数 $\sigma_j$ | 0 | 2 | 3 | 0 | 0 | 0 |

**图 3-14　第 1 行的初等行变换**

同理，对第 2 行进行初等行变换，由于主元列上第 2 行的数字已经是“0”，故第 2 行变换后保持不变，如图 3-15 所示。

最后计算出检验数行，主元素的正下方的检验数也需要变换为 0，故点击按钮“目标函数行”，再依次点击减号“ − ”、数字“3”、乘号“ × ”、按钮“第 3 行”，即：检验数行 = 目标函数行 −3 × 第 3 行，以消去主元素正下方的检验数“3”，最后点击按钮“确定”，则系统自动算出检验数为[ −9，2，0，0，0，−3/4]，如图 3-16 所示。

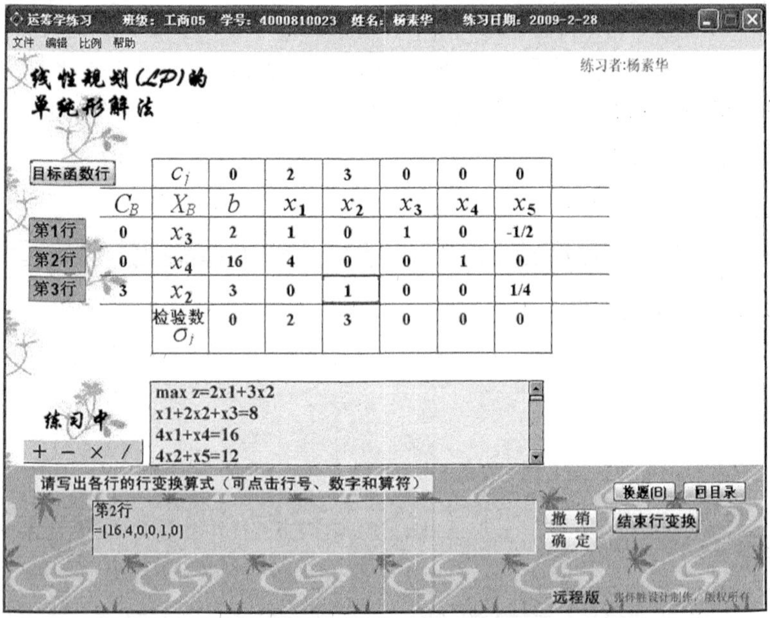


图 3-15　第 2 行的初等行变换

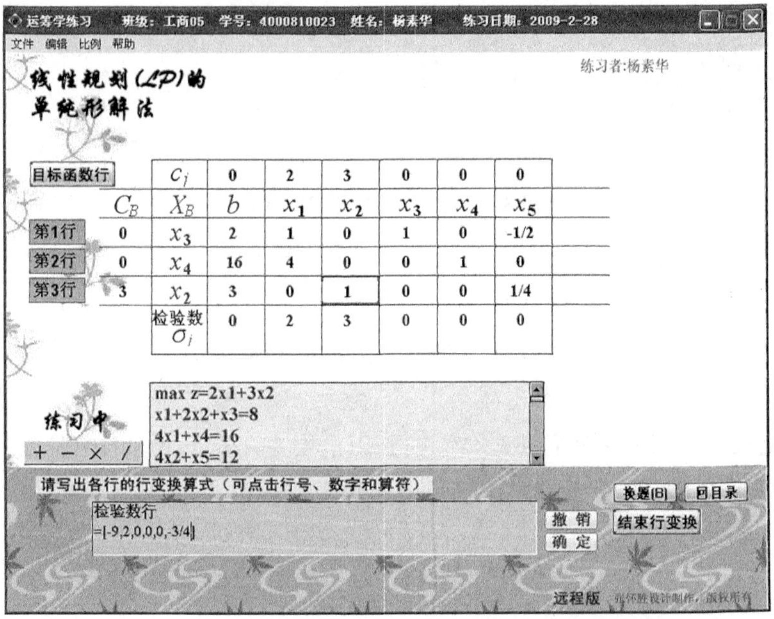


图 3-16　检验数行的初等行变换

点击“确定”后，得到变换后的单纯形表如图 3-17 所示。

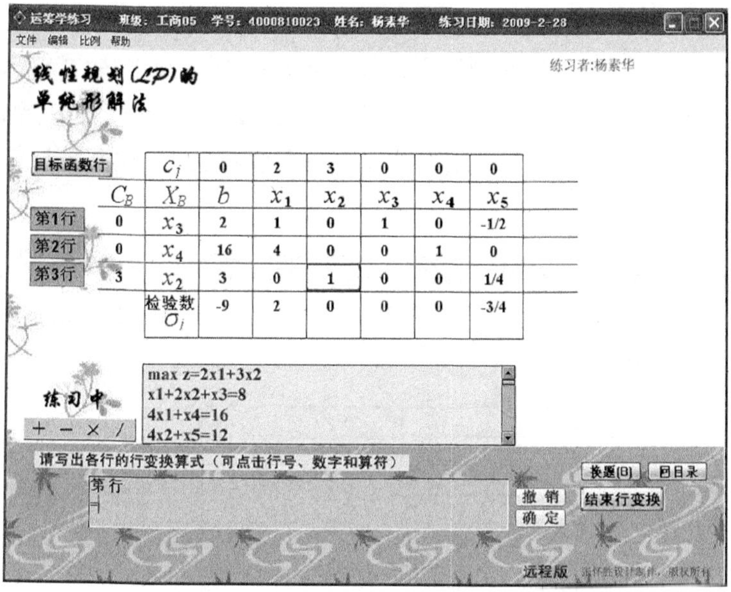


图 3-17　行变换完成后的单纯形表

对各行均进行行变换完成后，点击“结束行变换”，进行第二次解的结果判断，如图 3-18 所示。

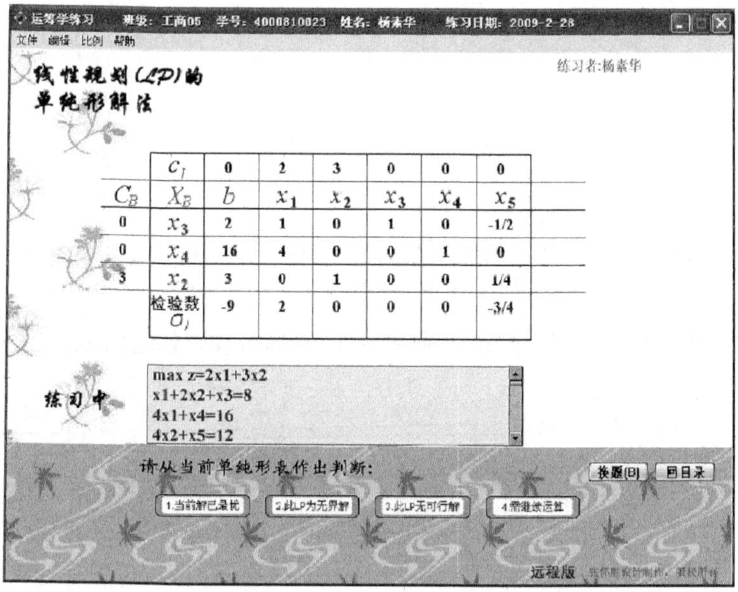


图 3-18　结束行变换判断解的情况

第一次判断中已列出了各种情况的判断规则,此题由于当前 $x_1$ 的检验数为“2”,2 >0,且检验数“2”所在列的上方系数有正数,所以点击“4. 需继续运算”,与第一次变换采用的方法一样,进行入基、出基、行变换等一系列的操作,直到所有检验数均小于或等于“0”或出现无界解的情况为止,此题最后结果见图3-19。

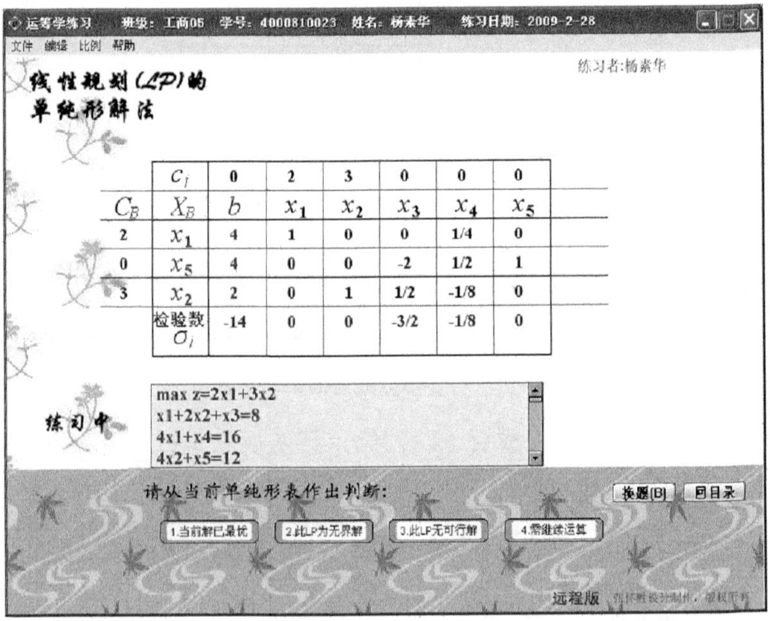


**图 3-19　最终单纯形表**

从图 3-19 所示的单纯形表看出:所有的检验数均小于或等于“0”,且基变量 $X_B$ 列中无人工变量,所以当前解已为最优解,点击“1. 当前解已最优”按钮进入写出最优解向量的界面,如图 3-20 所示。

注意:写最优解向量时,包括松弛变量值的分量,不包括人工变量,由图 3-20 可见,此题最优解为 $\boldsymbol{X}=[4,2,0,0,4]^{\mathrm{T}}$,点击“确定”完成输入(如图 3-21 所示)。

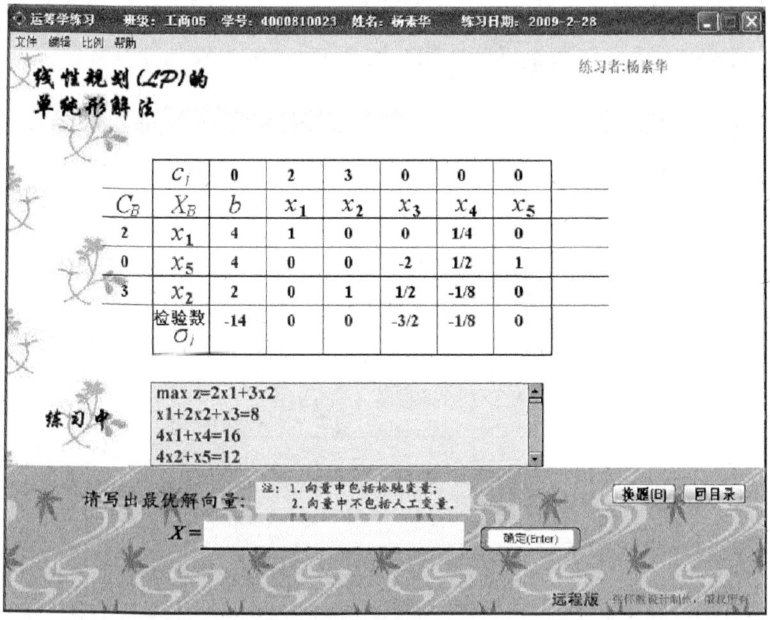


图 3-20　写出最优解向量

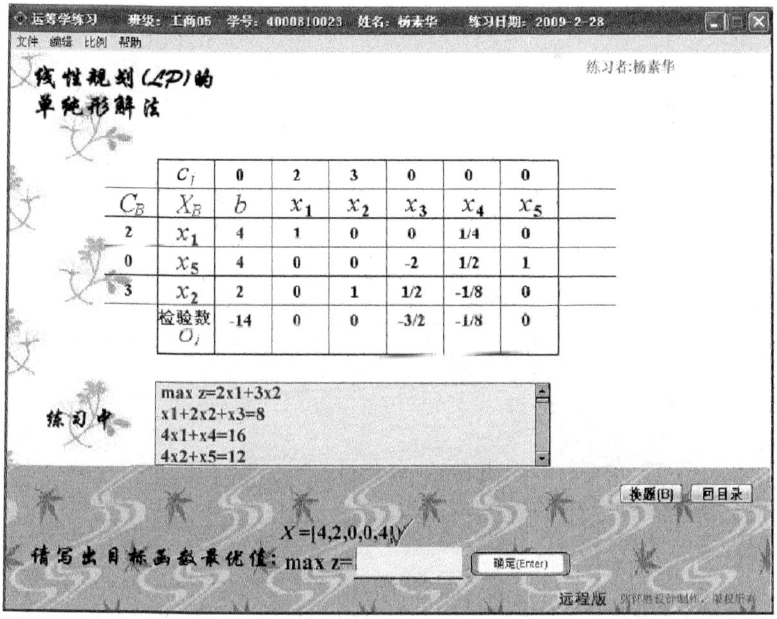


图 3-21　完成最优解输入

最后写出目标函数最优值，从单纯形表中可得到目标函数最优值为 14，输入“14”并点击“确定”按钮结束做题。图 3-22 与图 3-23 为软件评判及评分界面。

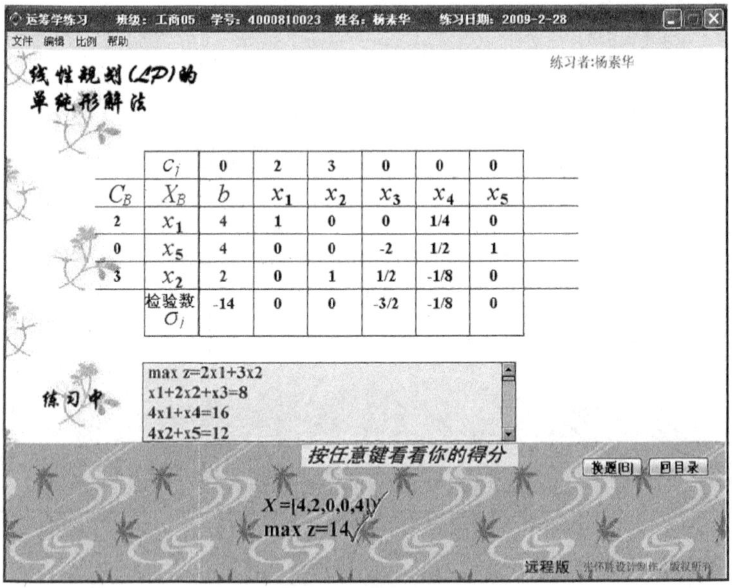


图 3-22　评判解题结果

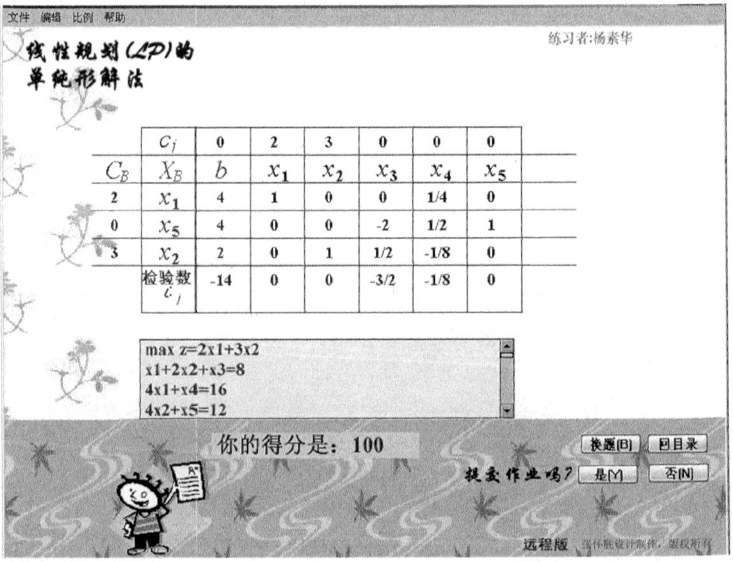


图 3-23　评分

在评分界面的右下角有“提交作业吗?”,点击“是(Y)”即可成功提交做题记录,然后点击“回目录”回到练习内容目录页面。

## 3.2　LP 单纯形解法测验系统做题

从测验系统内容主菜单点击“2、LP 单纯形解法”后,出题程序立即随机产生一道题目,如图 3-24 所示。

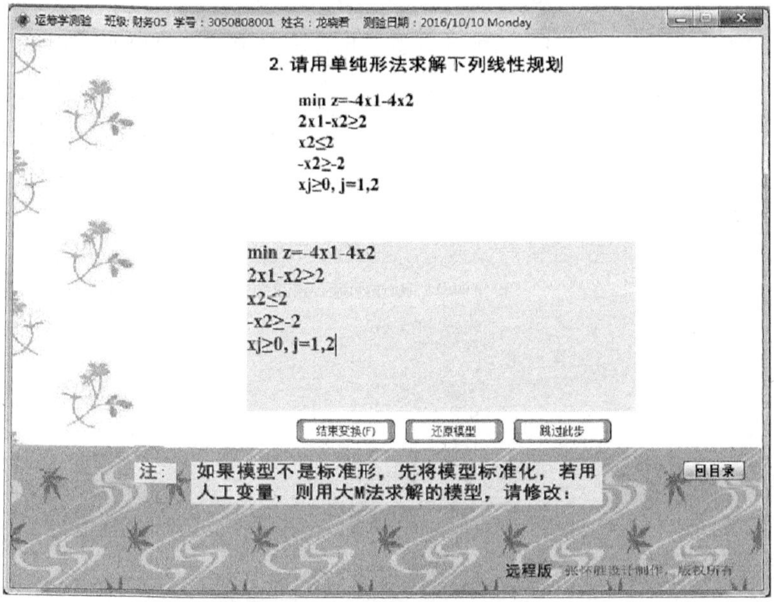


图 3-24　单纯形解法题目及模型变换

题目出现后,即可进行转换模型。由于模型不是标准形,应先将模型标准化,这里原题的目标函数是求最小值的,故目标函数要反号变成求最大值,再将各约束条件化为等式(“≥”类型的不等式在左端减一个新变量,“≤”类型的不等式在左端加一个新变量),并使等式右端常数项为非负。如果某约束等式的右端常数项为负,则此约束等式两端各项同时反号,模型即可转为标准形。此题转成标准形后,约束条件方程组的系数矩阵为

$$\begin{bmatrix} 2 & -1 & -1 & 0 & 0 \\ 0 & 1 & 0 & 1 & 0 \\ 0 & 1 & 0 & 0 & 1 \end{bmatrix}$$

此矩阵不含三阶单位子矩阵，但有两个单位列向量$[0,1,0]^T$和$[0,0,1]^T$可以利用，故只需补充一个单位列向量$[1,0,0]^T$即可，因此在第一个约束条件的左端需要加入一个人工变量$x_6$，则原约束条件方程组的系数矩阵扩充了一列，扩充结果为

$$\begin{bmatrix} 2 & -1 & -1 & 0 & 0 & 1 \\ 0 & 1 & 0 & 1 & 0 & 0 \\ 0 & 1 & 0 & 0 & 1 & 0 \end{bmatrix}$$

扩充矩阵中$x_6,x_4,x_5$的三列组成了三阶单位矩阵，便可以使用单纯形解法了。由于约束条件中加入了一个人工变量$x_6$，软件用的是大 M 法，故在标准化的目标函数中添加“$-Mx_6$”（$M$为充分大的正数），模型转换过程如图 3-25 所示。

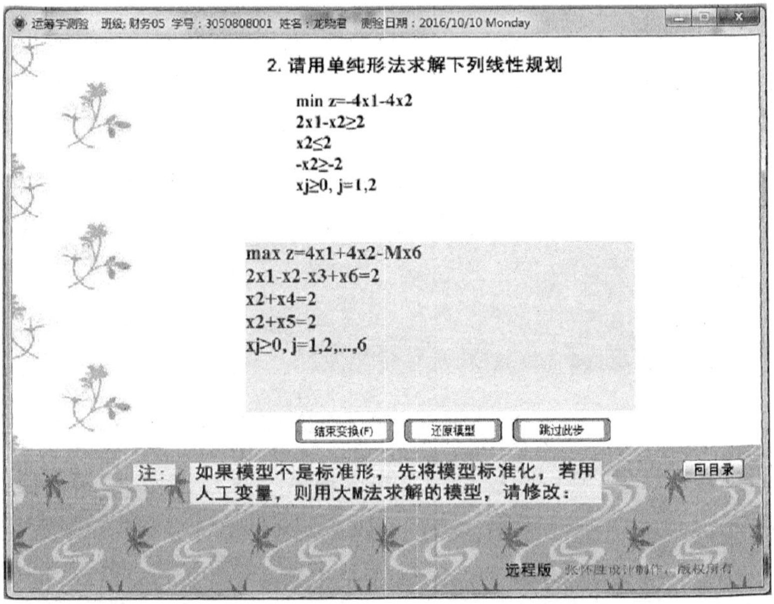


**图 3-25　完成标准化及大 M 法的辅助模型**

模型转换后，点击按钮“结束变换（F）”，开始填写第一张单纯形表，如图 3-26 所示。

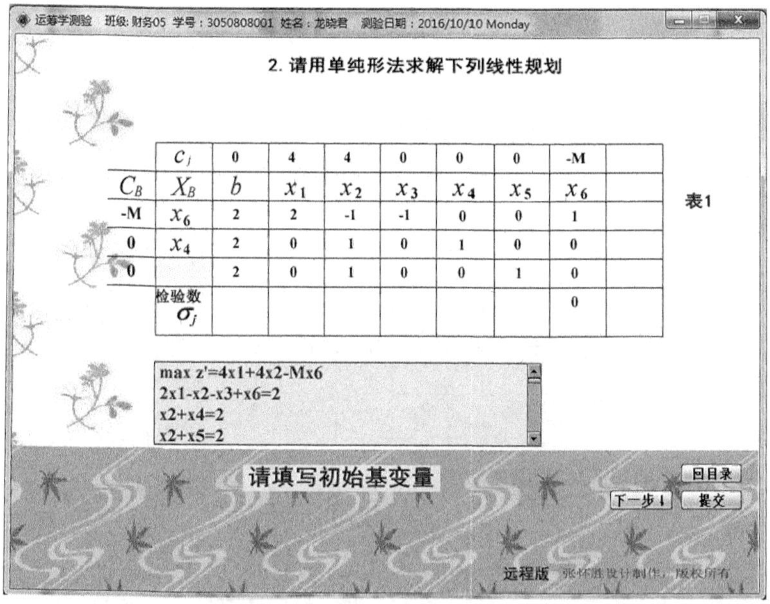


图 3-26　进入单纯形表填写基变量

由于约束方程组的系数矩阵中 $x_6,x_4,x_5$ 的三列系数组成单位矩阵，故基变量 $X_B$ 列依次填入 $x_6,x_4,x_5$，如图 3-27 所示。

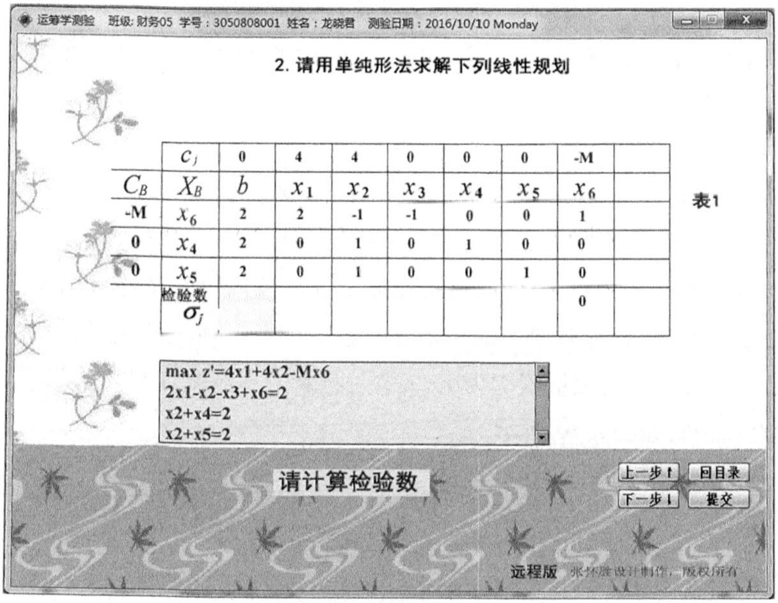


图 3-27　完成基变量填写检验数

基变量完成后,按检验数计算公式计算并填写检验数,结果如图 3-28 所示。

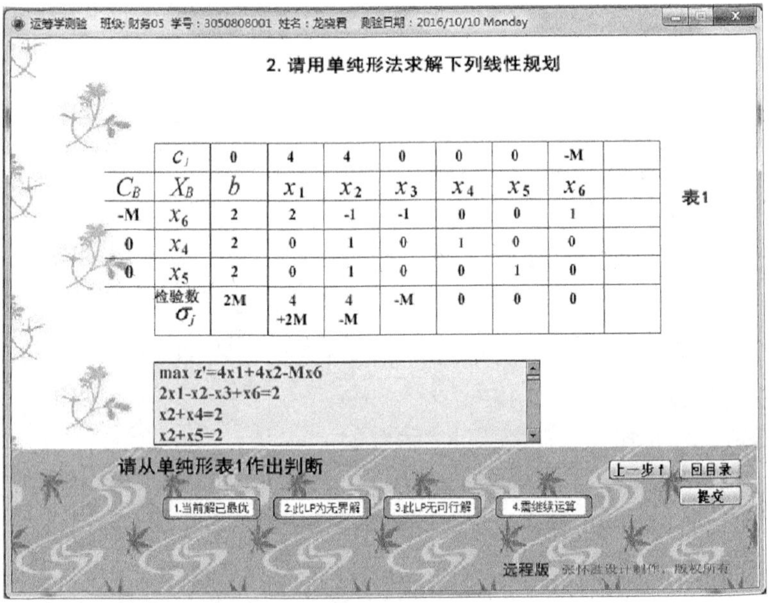


**图 3-28　完成单纯形表判断解的情况**

此时有一个正检验数 $\sigma_x = 4 + 2M$,且此检验数的正上方的系数存在正数,故选择“4. 需继续运算”。注意:判断时要从 $x_1$ 的检验数 $\sigma_1$ 开始,不包括 $\sigma_0$。

由于 $\sigma_1 > w$,故应将 $x_1$ 换为新的基变量。$b$ 列常数项“2,2,2”与 $x_1$ 列系数“2,0,0”对应比分别为“2/2,2/0,2/0”(如图 3-29 所示),分母为正的只有第一个比值(若有多项分母为正,则取最小比值位置),故换出的基变量为第一个,即 $X_B$ 列中的 $x_6$ 换出,其他基变量保持不变,换入变量 $x_1$ 填入原 $x_6$ 的位置。交换基变量后,新的一组基变量依次为 $x_1$,$x_4$,$x_5$,将新的一组基变量依次填入单纯形表 2 中的 $X_B$ 列,如图 3-30 所示。

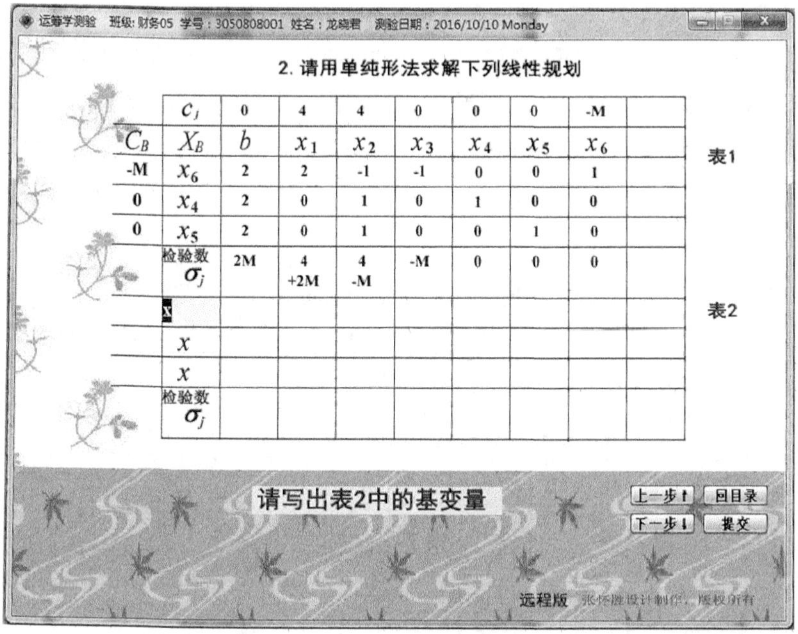


图 3-29　基变换开始形成单纯形表 2

图 3-30　完成基变量的交换并开始初等行变换

基变量的交换中，由于换入的是 $x_1$，故 $x_1$ 列为主元列，换出的是表 1 中的第一个基变量 $x_6$，故 $x_6$ 所在行即第一行为主元行，主元素为主元列与主元行（即第一列与第一行）的交叉处数字“2”，用初等行变换将行Ⅰ中的主元素“2”变为“1”，只要行Ⅰ乘以 1/2 即可，即：第 1 行 = 行Ⅰ/2，调动行Ⅰ时，只要点击按钮“行Ⅰ”，结果就自动填入表 2 中的第 1 行，如图 3-30 及图 3-31 所示。

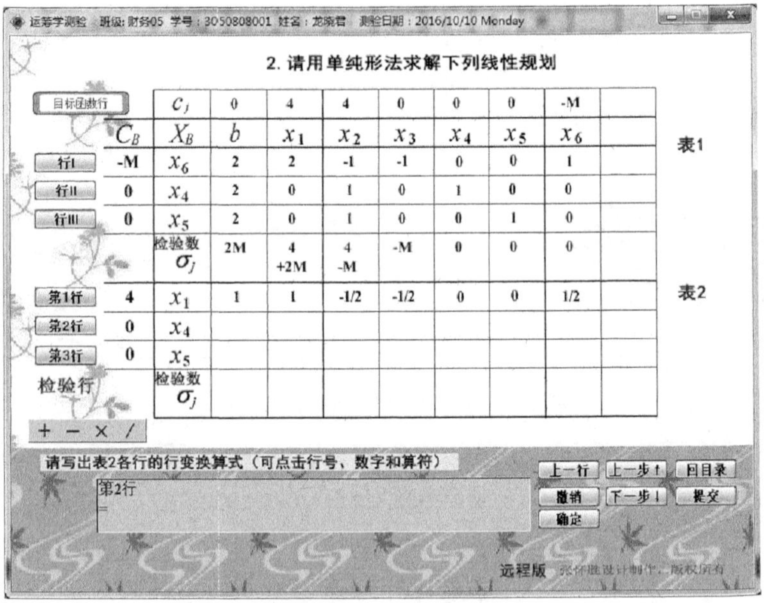


| | $c_j$ | 0 | 4 | 4 | 0 | 0 | 0 | -M |
|---|---|---|---|---|---|---|---|---|
| $C_B$ | $X_B$ | $b$ | $x_1$ | $x_2$ | $x_3$ | $x_4$ | $x_5$ | $x_6$ |
| -M | $x_6$ | 2 | 2 | -1 | -1 | 0 | 0 | 1 |
| 0 | $x_4$ | 2 | 0 | 1 | 0 | 1 | 0 | 0 |
| 0 | $x_5$ | 2 | 0 | 1 | 0 | 0 | 1 | 0 |
| | 检验数 $\sigma_j$ | 2M | 4 +2M | 4 -M | -M | 0 | 0 | 0 |
| 4 | $x_1$ | 1 | 1 | -1/2 | -1/2 | 0 | 0 | 1/2 |
| 0 | $x_4$ | | | | | | | |
| 0 | $x_5$ | | | | | | | |
| | 检验数 $\sigma_j$ | | | | | | | |

图 3-31　完成第 1 行的变换并开始第 2 行的变换

行Ⅱ与行Ⅲ的初等行变换应将行Ⅱ与行Ⅲ在主元列（$x_1$ 列）上的数字消为“0”，这两处已经是“0”，故表 2 中第 2 行与第 3 行应分别等于表 1 的行Ⅱ和行Ⅲ。在“第 2 行 =”的变换中点击“行Ⅱ”，结果见图 3-32。

同理，在“第 3 行 =”的变换中点击“行Ⅲ”。

第 2 行与第 3 行的初等行变换算式填好后，各点击一次“确定”，即完成约束方程组系数矩阵的初等行变换，然后转到检验数行的初等行变换，如图 3-33 所示。

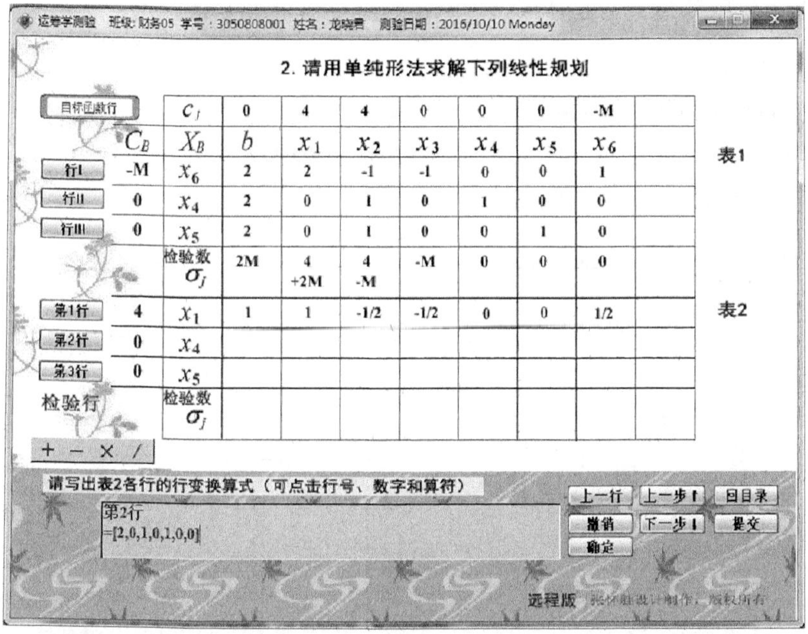


| | $c_j$ | 0 | 4 | 4 | 0 | 0 | 0 | -M | |
|---|---|---|---|---|---|---|---|---|---|
| $C_B$ | $X_B$ | $b$ | $x_1$ | $x_2$ | $x_3$ | $x_4$ | $x_5$ | $x_6$ | |
| -M | $x_6$ | 2 | 2 | -1 | -1 | 0 | 0 | 1 | |
| 0 | $x_4$ | 2 | 0 | 1 | 0 | 1 | 0 | 0 | |
| 0 | $x_5$ | 2 | 0 | 1 | 0 | 0 | 1 | 0 | |
| | 检验数 $\sigma_j$ | 2M | 4 +2M | 4 -M | -M | 0 | 0 | 0 | |
| 4 | $x_1$ | 1 | 1 | -1/2 | -1/2 | 0 | 0 | 1/2 | |
| 0 | $x_4$ | | | | | | | | |
| 0 | $x_5$ | | | | | | | | |
| | 检验数 $\sigma_j$ | | | | | | | | |

图 3-32　第 2 行的初等行变换

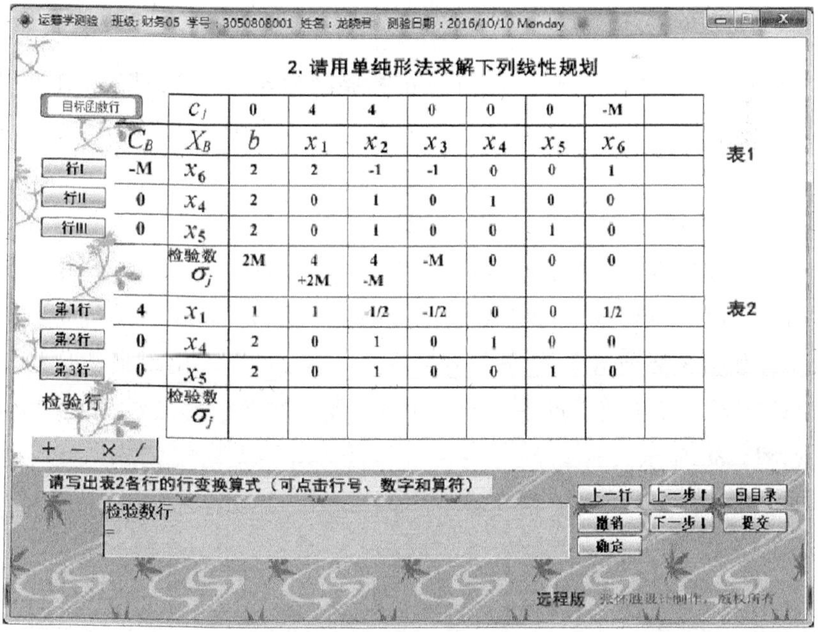


| | $c_j$ | 0 | 4 | 4 | 0 | 0 | 0 | -M | |
|---|---|---|---|---|---|---|---|---|---|
| $C_B$ | $X_B$ | $b$ | $x_1$ | $x_2$ | $x_3$ | $x_4$ | $x_5$ | $x_6$ | |
| -M | $x_6$ | 2 | 2 | -1 | -1 | 0 | 0 | 1 | |
| 0 | $x_4$ | 2 | 0 | 1 | 0 | 1 | 0 | 0 | |
| 0 | $x_5$ | 2 | 0 | 1 | 0 | 0 | 1 | 0 | |
| | 检验数 $\sigma_j$ | 2M | 4 +2M | 4 -M | -M | 0 | 0 | 0 | |
| 4 | $x_1$ | 1 | 1 | -1/2 | -1/2 | 0 | 0 | 1/2 | |
| 0 | $x_4$ | 2 | 0 | 1 | 0 | 1 | 0 | 0 | |
| 0 | $x_5$ | 2 | 0 | 1 | 0 | 0 | 1 | 0 | |
| | 检验数 $\sigma_j$ | | | | | | | | |

图 3-33　检验数行的初等行变换

按照检验数行的变换算式，此处检验数行 = 目标函数行 − 4 × 第 1 行（如图 3-34 所示）。

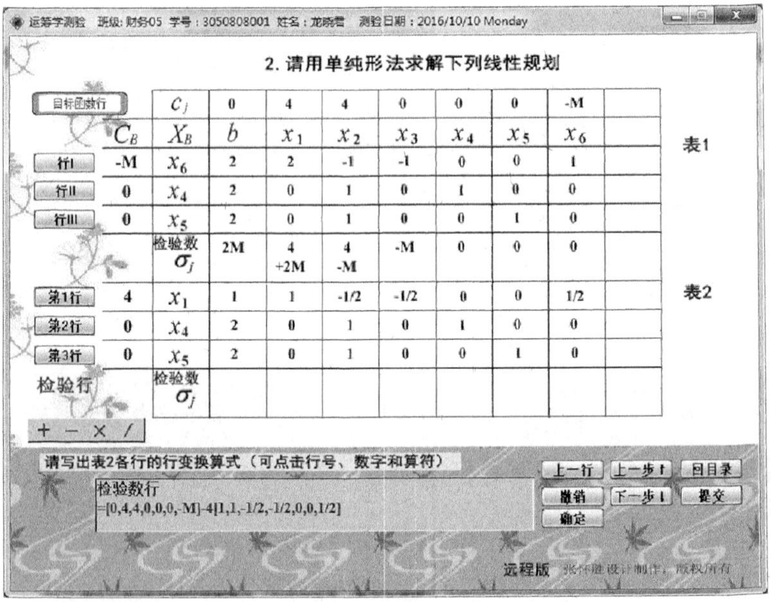


图 3-34　检验数行的变换算式

表 2 的检验数计算完成后，得到 $x_2$ 的检验数为 6（正数），且表 2 中 $x_2$ 列的系数存在正数，故需继续运算并再次进行基变量的变换。重复上述方法，得到表 3。

表 3 中 $x_3$ 的检验数为 2（正数），但此检验数正上方 $x_3$ 列系数“−1/2，0，0”全非正，故从表 3 可以判断此题为无界解，即应点选第二个按钮“2. 此 LP 为无界解”，也可在完成单纯形表 2 后的解的判断中点选“2. 此 LP 为无界解”早一步结束此题（如图 3-35 所示），这是因为在单纯形表 2 中已经出现正检验数“2”的正上方 $x_3$ 列系数无正数。点击“提交”按钮，保存解题过程及结果到网络服务器中（如图 3-36 所示）。

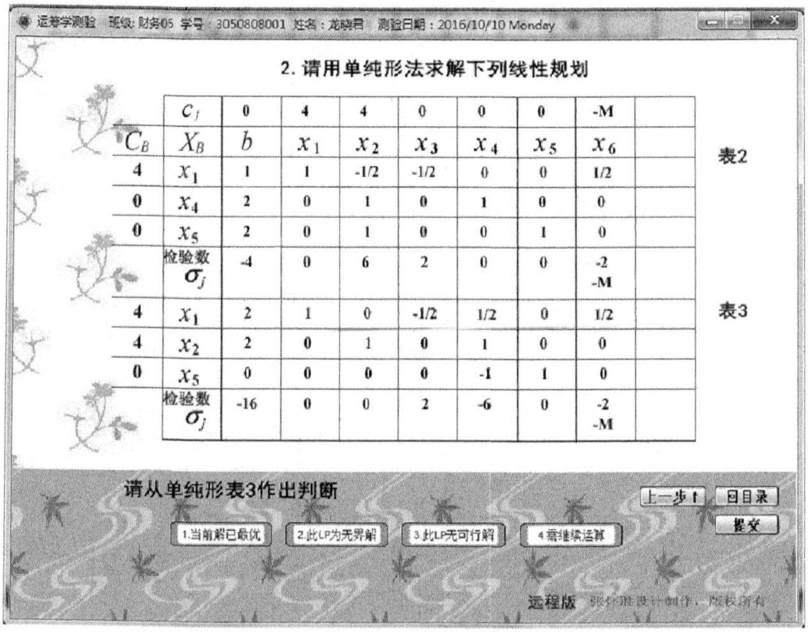


| | $c_j$ | 0 | 4 | 4 | 0 | 0 | 0 | -M | |
|---|---|---|---|---|---|---|---|---|---|
| $C_B$ | $X_B$ | $b$ | $x_1$ | $x_2$ | $x_3$ | $x_4$ | $x_5$ | $x_6$ | |
| 4 | $x_1$ | 1 | 1 | -1/2 | -1/2 | 0 | 0 | 1/2 | |
| 0 | $x_4$ | 2 | 0 | 1 | 0 | 1 | 0 | 0 | |
| 0 | $x_5$ | 2 | 0 | 1 | 0 | 0 | 1 | 0 | |
| | 检验数 $\sigma_j$ | -4 | 0 | 6 | 2 | 0 | 0 | -2 -M | |
| 4 | $x_1$ | 2 | 1 | 0 | -1/2 | 1/2 | 0 | 1/2 | |
| 4 | $x_2$ | 2 | 0 | 1 | 0 | 1 | 0 | 0 | |
| 0 | $x_5$ | 0 | 0 | 0 | 0 | -1 | 1 | 0 | |
| | 检验数 $\sigma_j$ | -16 | 0 | 0 | 2 | -6 | 0 | -2 -M | |

图 3-35　解的情况判断

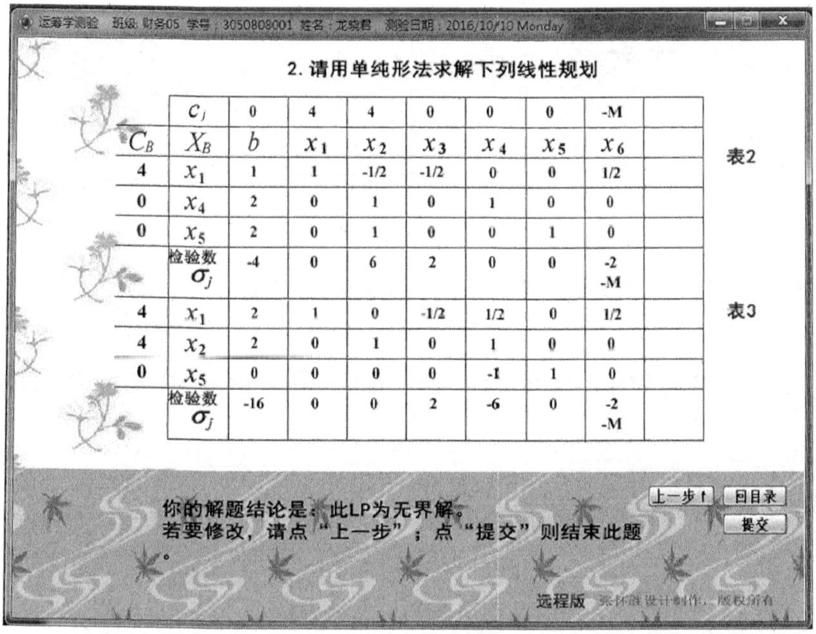


| | $c_j$ | 0 | 4 | 4 | 0 | 0 | 0 | -M | |
|---|---|---|---|---|---|---|---|---|---|
| $C_B$ | $X_B$ | $b$ | $x_1$ | $x_2$ | $x_3$ | $x_4$ | $x_5$ | $x_6$ | |
| 4 | $x_1$ | 1 | 1 | -1/2 | -1/2 | 0 | 0 | 1/2 | |
| 0 | $x_4$ | 2 | 0 | 1 | 0 | 1 | 0 | 0 | |
| 0 | $x_5$ | 2 | 0 | 1 | 0 | 0 | 1 | 0 | |
| | 检验数 $\sigma_j$ | -4 | 0 | 6 | 2 | 0 | 0 | -2 -M | |
| 4 | $x_1$ | 2 | 1 | 0 | -1/2 | 1/2 | 0 | 1/2 | |
| 4 | $x_2$ | 2 | 0 | 1 | 0 | 1 | 0 | 0 | |
| 0 | $x_5$ | 0 | 0 | 0 | 0 | -1 | 1 | 0 | |
| | 检验数 $\sigma_j$ | -16 | 0 | 0 | 2 | -6 | 0 | -2 -M | |

图 3-36　解题结论

对单纯形表结果中其他情况的判断如图 3-37 和图 3-38 所示。图 3-37 中的单纯形表 3 的检验数全非正，且基变量 $X_B$ 列 $\begin{bmatrix} x_5 \\ x_4 \\ x_2 \end{bmatrix}$ 中无人工变量（基变量 $X_B$ 列左边未出现“$-M$”），故图 3-37 所示情况为“1. 当前解已最优”，此时的最优解向量为 $\boldsymbol{X}=[0,9,0,33,8]^{\mathrm{T}}$。

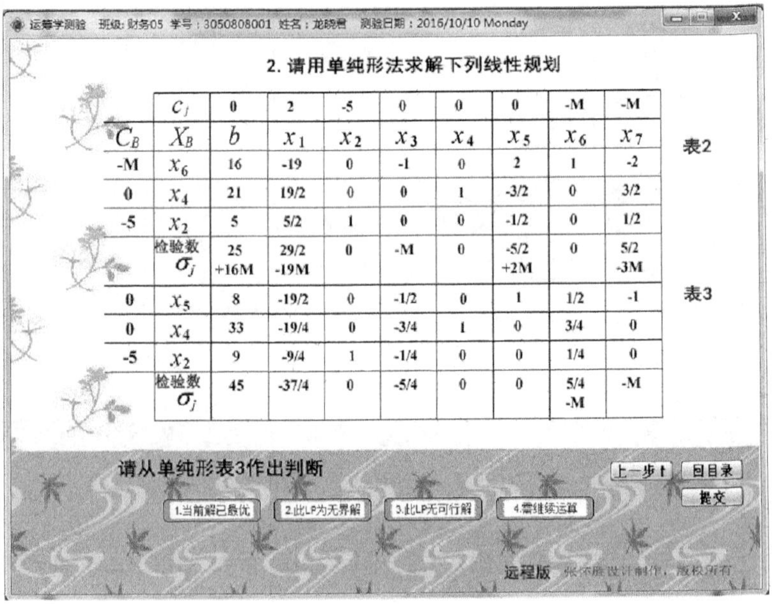


| | $c_j$ | 0 | 2 | -5 | 0 | 0 | 0 | -M | -M |
|---|---|---|---|---|---|---|---|---|---|
| $C_B$ | $X_B$ | $b$ | $x_1$ | $x_2$ | $x_3$ | $x_4$ | $x_5$ | $x_6$ | $x_7$ |
| -M | $x_6$ | 16 | -19 | 0 | -1 | 0 | 2 | 1 | -2 |
| 0 | $x_4$ | 21 | 19/2 | 0 | 0 | 1 | -3/2 | 0 | 3/2 |
| -5 | $x_2$ | 5 | 5/2 | 1 | 0 | 0 | -1/2 | 0 | 1/2 |
| | 检验数 $\sigma_j$ | 25 +16M | 29/2 -19M | 0 | -M | 0 | -5/2 +2M | 0 | 5/2 -3M |
| 0 | $x_5$ | 8 | -19/2 | 0 | -1/2 | 0 | 1 | 1/2 | -1 |
| 0 | $x_4$ | 33 | -19/4 | 0 | -3/4 | 1 | 0 | 3/4 | 0 |
| -5 | $x_2$ | 9 | -9/4 | 1 | -1/4 | 0 | 0 | 1/4 | 0 |
| | 检验数 $\sigma_j$ | 45 | -37/4 | 0 | -5/4 | 0 | 0 | 5/4 -M | -M |

**图 3-37　有最优解的情况**

图 3-38 中表 2 为最终单纯形表，此时检验数也是全小于或等于 0，但此时的基变量 $X_B$ 列 $\begin{bmatrix} x_6 \\ x_1 \\ x_5 \end{bmatrix}$ 中的 $x_6$ 为人工变量（其左边出现了“$-M$”），故图 3-38 所示情况为“3. 此 LP 无可行解”。

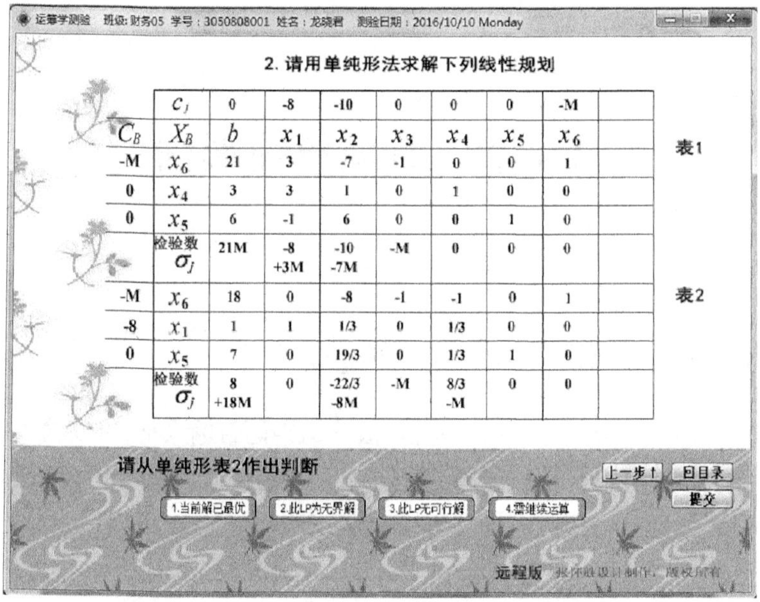


| | $c_j$ | 0 | -8 | -10 | 0 | 0 | 0 | -M | |
|---|---|---|---|---|---|---|---|---|---|
| $C_B$ | $X_B$ | $b$ | $x_1$ | $x_2$ | $x_3$ | $x_4$ | $x_5$ | $x_6$ | |
| -M | $x_6$ | 21 | 3 | -7 | -1 | 0 | 0 | 1 | |
| 0 | $x_4$ | 3 | 3 | 1 | 0 | 1 | 0 | 0 | |
| 0 | $x_5$ | 6 | -1 | 6 | 0 | 0 | 1 | 0 | |
| | 检验数 $\sigma_j$ | 21M | -8 +3M | -10 -7M | -M | 0 | 0 | 0 | |
| -M | $x_6$ | 18 | 0 | -8 | -1 | -1 | 0 | 1 | |
| -8 | $x_1$ | 1 | 1 | 1/3 | 0 | 1/3 | 0 | 0 | |
| 0 | $x_5$ | 7 | 0 | 19/3 | 0 | 1/3 | 1 | 0 | |
| | 检验数 $\sigma_j$ | 8 +18M | 0 | -22/3 -8M | -M | 8/3 -M | 0 | 0 | |

图 3-38　无可行解的情况

# 第 4 章　对偶单纯形法

## 4.1　对偶单纯形法的练习系统做题

如图 4-1 所示，点击“3、对偶单纯形法”，出现题目输入框，可以输入一个题目（注意规模限制），也可以把磁盘中已下载的题目读取到输入框中。这里点击“读取题目”读取一个题目，显示在题目输入框中（如图 4-2 所示）。

题目输入完毕或读取完成后，点击“开始求解（S）”按钮，即可进入交互练习，做题的第一步便是变换模型（如图 4-3 所示）。

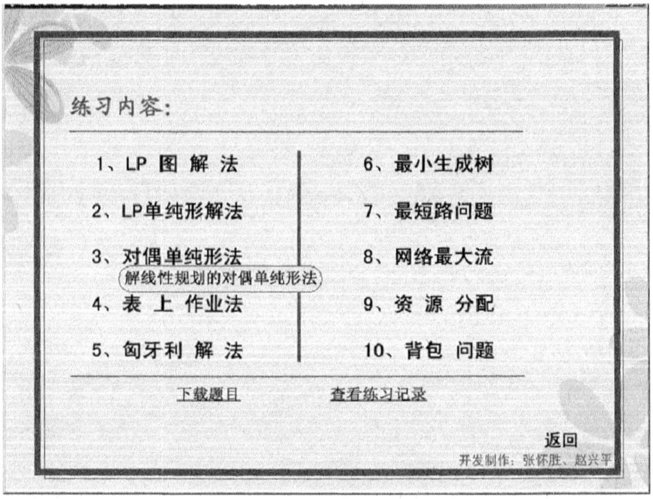


图 4-1　练习系统内容目录

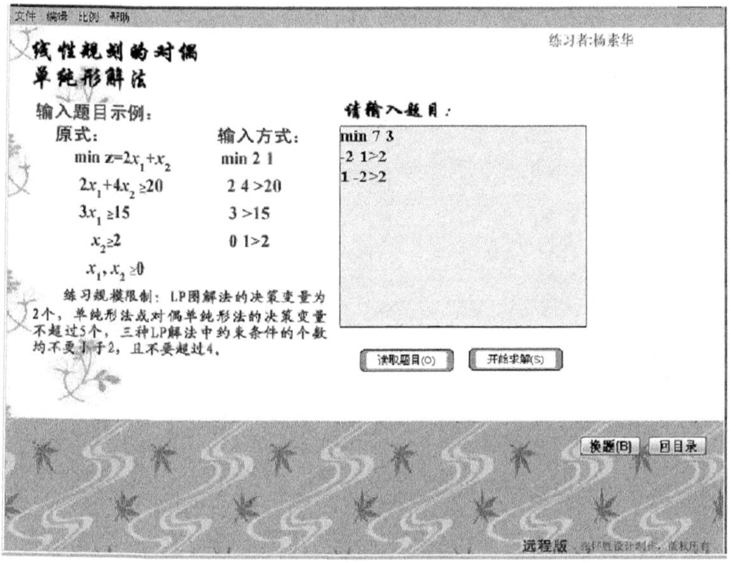


图 4-2　读取题目

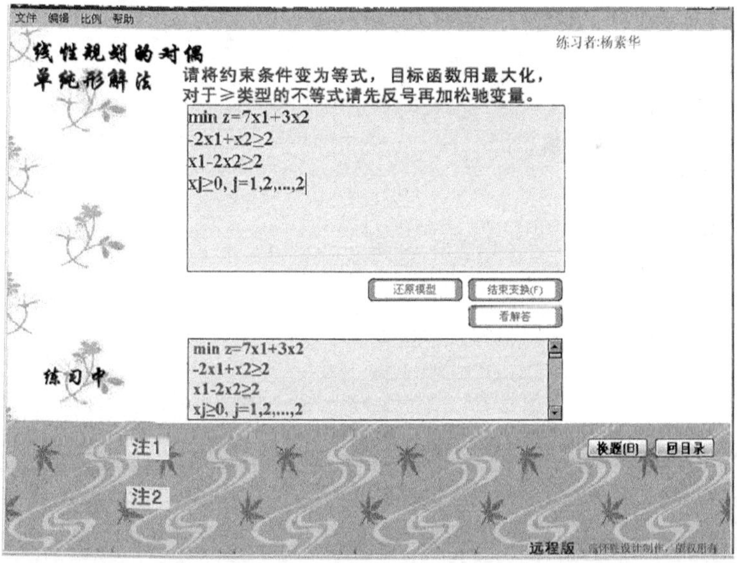


图 4-3　模型变换

为得到对偶问题的初始可行基,需先将模型标准化,且使约束方程组的系数矩阵出现 2 阶单位矩阵(单位矩阵的阶数为约束方程的个数),故此题标准化后,将两个约束方程的两端均乘以“ -1”,结果如图 4-4 所示。

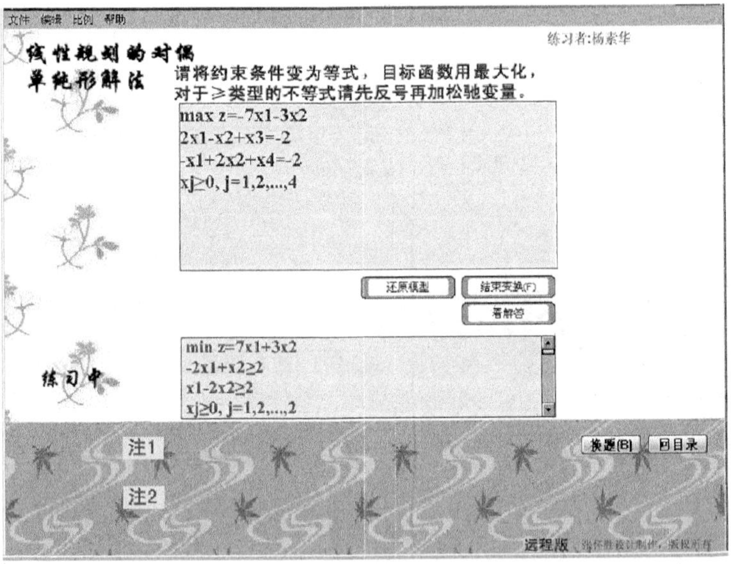


图 4-4　模型变换结果

模型变换完成后，点击“结束变换(F)”按钮，进入初始单纯形表界面(如图 4-5 所示)。

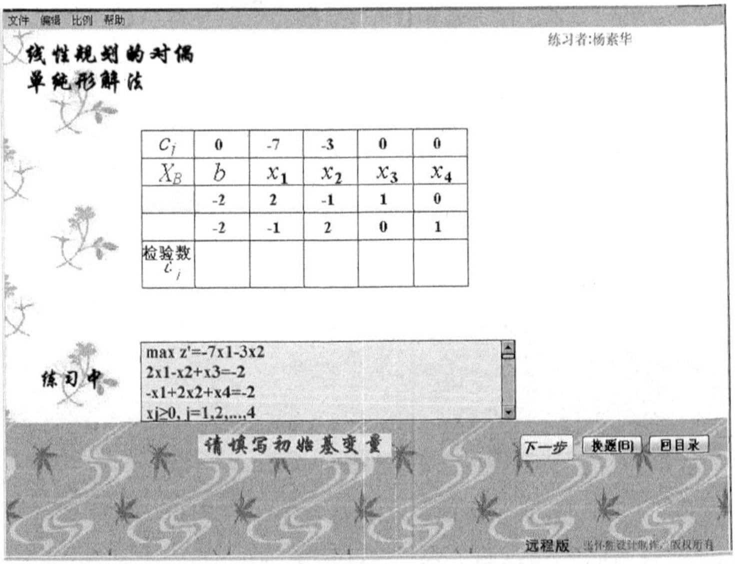


图 4-5　初始单纯形表填写基变量

根据提示，填写初始基变量，可在基变量 $X_B$ 列输入框中直接输入，也可以点击变量行中的变量，本题中由于 $x_3$，$x_4$ 两列为单位矩阵，故在变量行中的四个变量中依次点选 $x_3$，$x_4$，填写完成的初始基变量如图 4-6 所示。

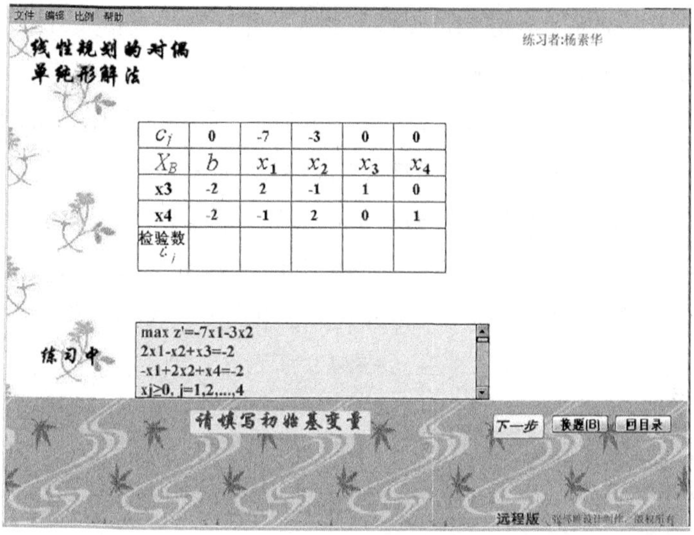


图 4-6　填写初始基变量

在图 4-6 中点击“下一步”，进入检验数的计算。依次计算各个检验数后，点击“确定”按钮，系统会自动将结果输到检验数行中，再点击“下一步”，完成检验数和初始单纯形表，进行解的情况判断，如图 4-7 所示。

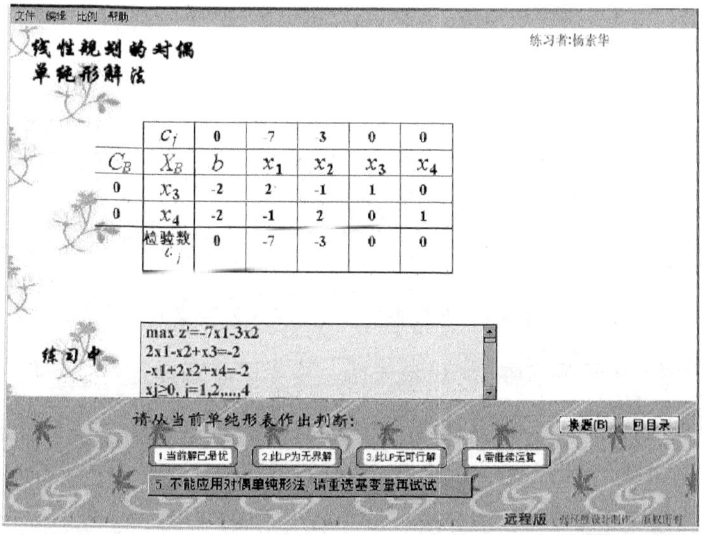


图 4-7　解的情况判断

解的情况判断规则：若检验数行中有正数，则不能应用对偶单纯形法，否则：① 若 $b$ 列全非负，则当前解最优；② 若 $b$ 列中有负数，且至少有一个负数的对应行右边系数全非负，则此 LP 无可行解；③ 若 $b$ 列中有负数，且 $b$ 列中每一负数的右边均存在负系数，则点击"4. 需继续运算"。

此题当前的 $b$ 列有两个负数，这两个负数的右端均有负数，故需继续运算。

点击"4. 需继续运算"后，出现图 4-8，根据提示选取出基变量。选择出基变量的规则是：取 $b$ 列最小的负数对应的左边的（$X_B$ 列中的）变量出基。此题由于 $b$ 列中的两个数字均为 $-2$，所以选择左边的 $x_3$ 或 $x_4$ 作为出基变量均可。直接点击 $X_B$ 列中的 $x_3$ 或 $x_4$（如图 4-8 所示），这里点击 $x_3$ 后此基变量位置变成了空格，等待入基变量的选取和进入，如图 4-9 所示。

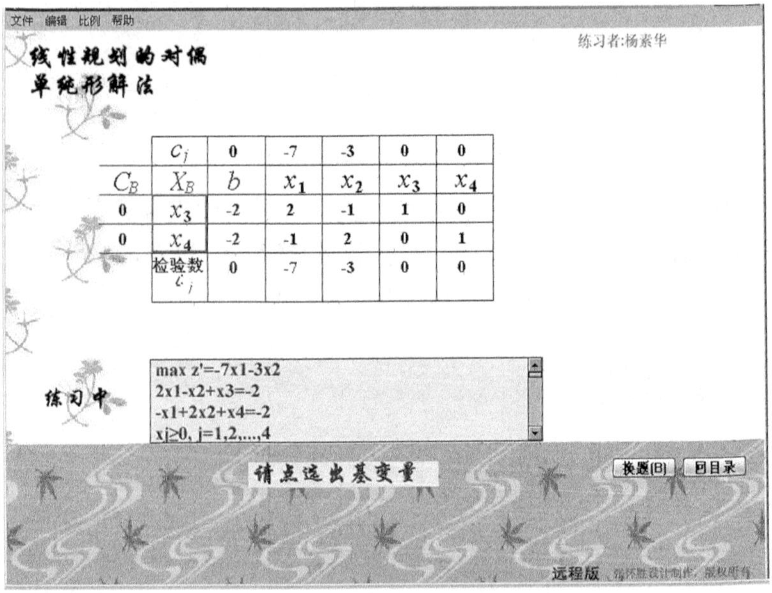


图 4-8　基变量交换之选取出基变量

进行到图 4-9 所示步骤后，开始选择入基变量。选择入基变量的规则是：计算单纯形表中检验数与出基变量 $x_3$（现在位置为空格）行所对应的负系数之比，取最小比值（此题当前只有一个比值，即 $x_2$ 列的"$(-3)/(-1)$"）所对应的变量（此题为 $x_2$）为入基变量，点击变量行四个变量中的 $x_2$，则 $x_2$ 进入基变量 $X_B$ 列中的空格，如图 4-10 所示。

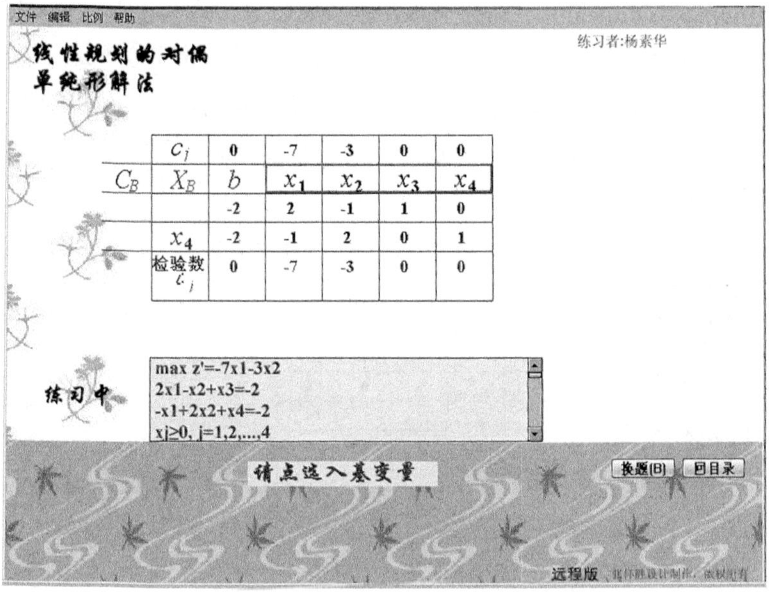


图 4-9　等待入基变量的选取和进入

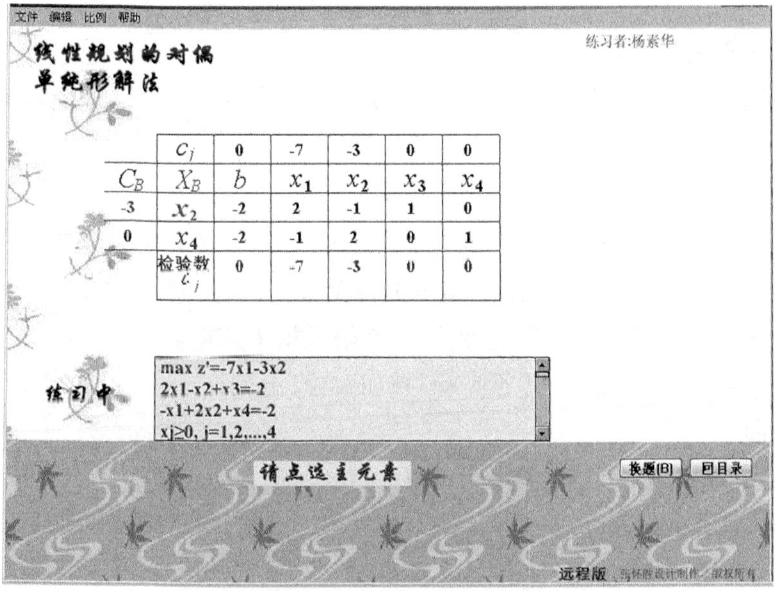


图 4-10　基变量交换完成并开始选取主元素

接下来选取主元素。出基变量所在行为主元行，入基变量所在列为主元列，主元行与主元列交叉点的数字即为主元素。此题主元行为原出基变量（原 $X_B$ 列中的 $x_3$）或新的基变量 $x_2$ 所在行，主元列为变量行四个变量中的入基变量 $x_2$所在列，主元行与主元列的交点数字“ -1”为主元素。点选后，“ -1”所在单元格便变成绿色，接着进行初等行变换，如图 4-11 所示。

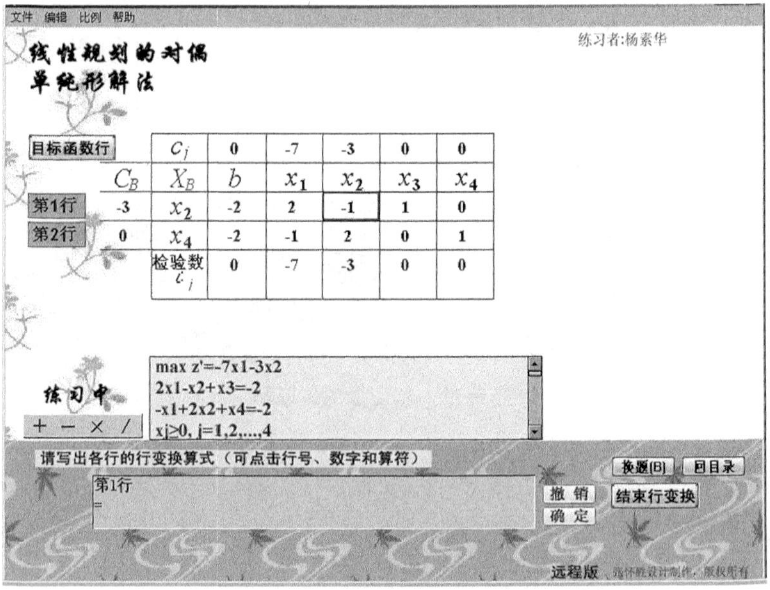


| | | $c_j$ | 0 | -7 | -3 | 0 | 0 |
|---|---|---|---|---|---|---|---|
| | $C_B$ | $X_B$ | $b$ | $x_1$ | $x_2$ | $x_3$ | $x_4$ |
| 第1行 | -3 | $x_2$ | -2 | 2 | -1 | 1 | 0 |
| 第2行 | 0 | $x_4$ | -2 | -1 | 2 | 0 | 1 |
| | | 检验数 $\sigma_j$ | 0 | -7 | -3 | 0 | 0 |

**图 4-11　初等行变换之第 1 行**

在图 4-11 的下部进行各行的行变换，需要将主元素化为“1”，主元列上其他元素变换为“0”（包括主元素正下方的检验数）。由于刚入基的变量 $x_2$ 位于第 1 行，所以先对第 1 行进行行变换，可在输入框中直接输入“[ -2,2, -1,1, 0] *( -1)”，也可以先点击“第 1 行”按钮，再点击算符“ ×”，最后点击主元素“ -1”，即

$$第 1 行 = 第 1 行 \times ( -1)$$

结果如图 4-12 所示，完成后点击“确定”。（注意：向量用中括号表示，元素之间用逗号隔开，并且应在英文状态下输入）

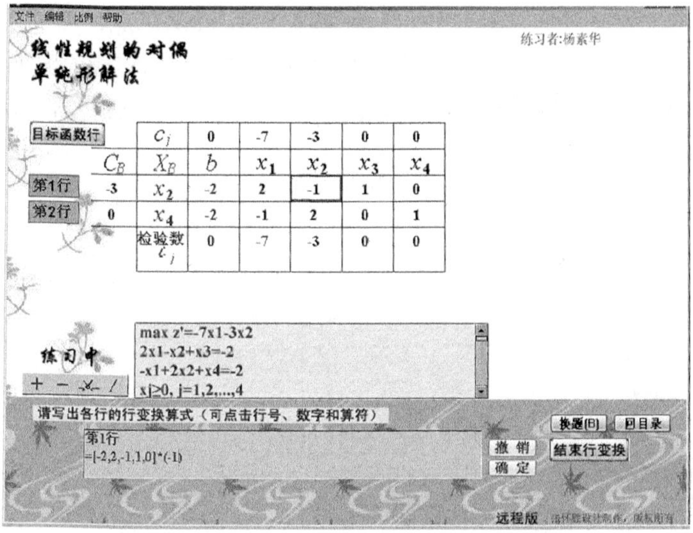


图 4-12　第 1 行的变换

然后,对第 2 行进行行变换,依次点击"第 2 行"、减号"－"、"第 1 行"、乘号"×",最后输入"2",如图 4-13 所示。这样主元列上的数字"2"便被消为"0",完成第 2 行的变换后,点击"确定"。

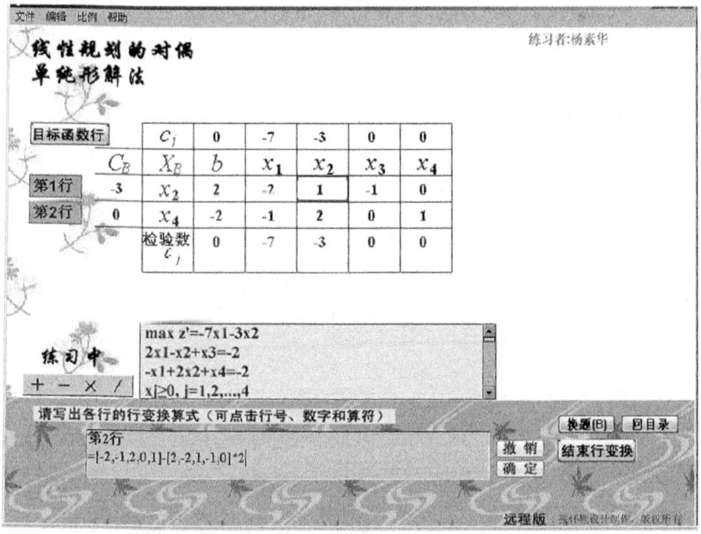


图 4-13　第 2 行的变换

最后计算检验数行,可直接在检验数行中输入"[6, －13,0, －3,0]", 也可点击按钮“目标函数行”，以调出目标函数行向量，再依次点击加号“ + ”、按钮“第 *1* 行”、乘号“ × ”、数字“3”，如图 4-14 所示。然后点击按钮“确定”，主元素下方的检验数“ - 3”便被消为“0”，系统自动算出新的检验数行为“[6, - 13,0, - 3,0]”，如图 4-15 所示。

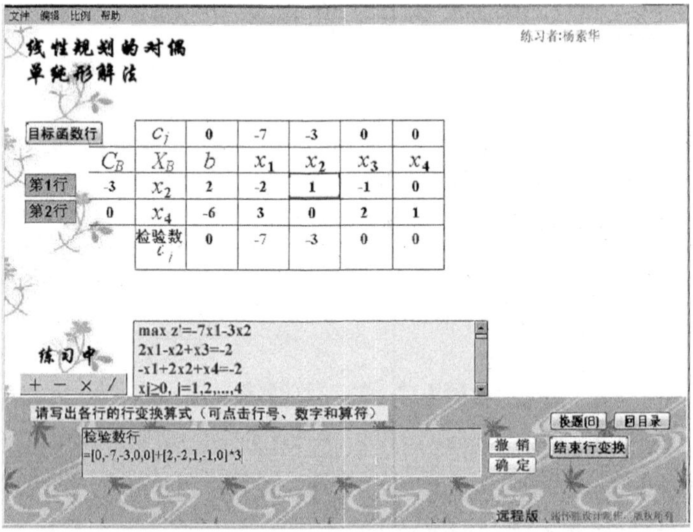


图 4-14　检验数行的变换

在图 4-14 所示过程中点击“确定”，得到变换后的新单纯形表(如图 4-15 所示)。

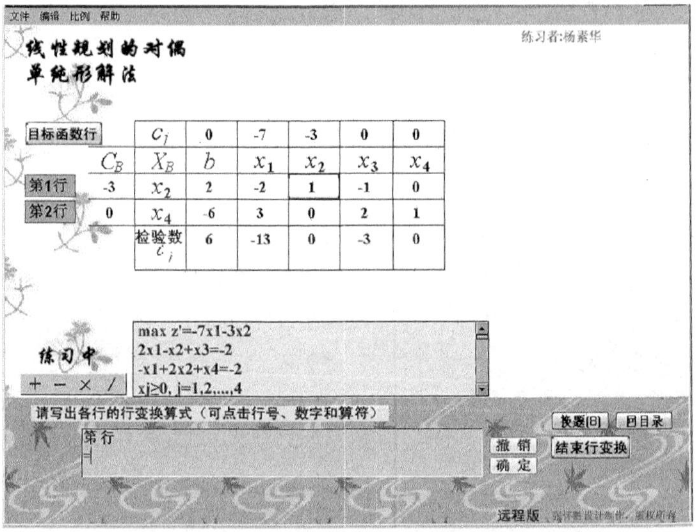


图 4-15　完成行变换后的单纯形表

对各行均进行行变换，最后，检验数行变换完成后，点击“结束行变换”，进行第三次解的情况判断，如图 4-16 所示。

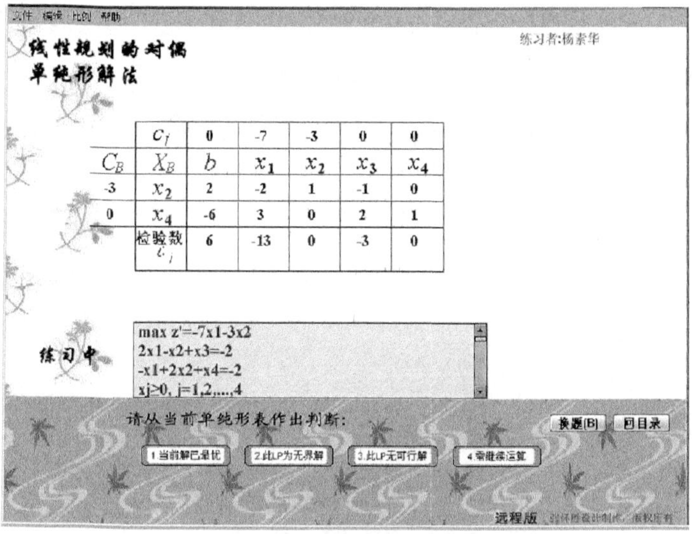


图 4-16　解的情况判断

根据单纯形表判断当前解的情况：本题进行到当前，由于 $b$ 列数字中有负数“ -6”，且“ -6”对应的右边系数“3,0,2,1”中不存在负系数，所以点击“3. 此 LP 无可行解” 结束做题，然后到达等待系统评分界面，如图 4-17 所示。后面的过程略。

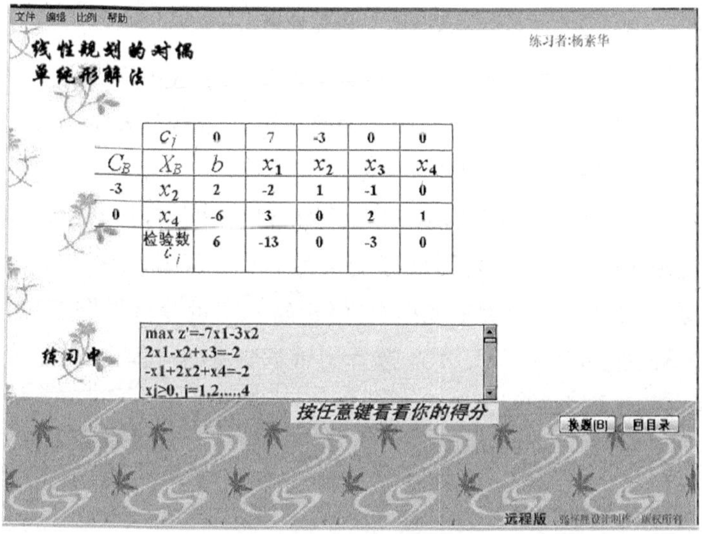


图 4-17　等待系统评分

## 4.2 对偶单纯形法的测验系统做题

在测验系统内容目录界面点击“3、LP 对偶单纯形法”后,测验系统自动产生一道用对偶单纯形法解线性规划的题目,如图 4-18 所示。

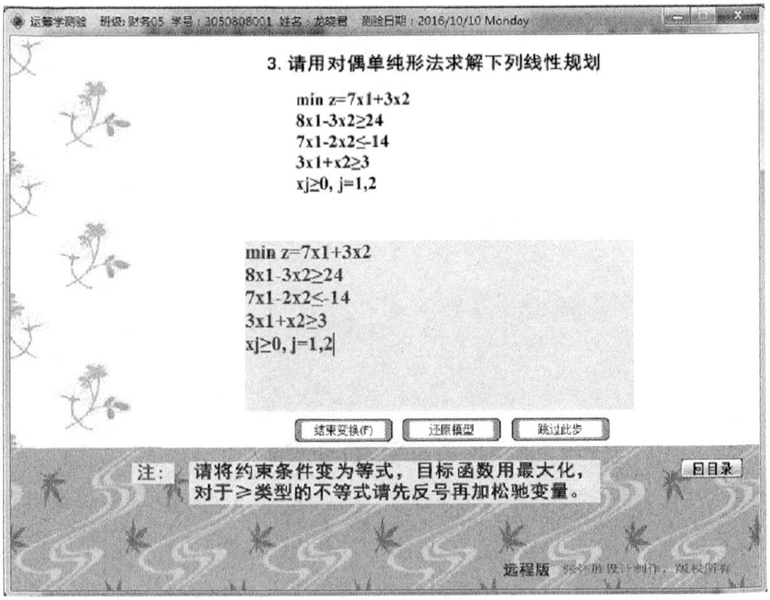


图 4-18 模型变换

先将图 4-18 中模型标准化,且使约束方程组的系数矩阵出现 3 阶单位矩阵(单位矩阵的阶数为约束方程的个数),为此对第 1 和第 3 两个约束方程做反号处理,模型变换后的结果如图 4-19 所示。

在图 4-19 中,点击“结束变换(F)”,系统做出正确与否的判断。如果错误,则需重新变换模型;如果正确,则根据变换后的目标函数及约束条件方程组的增广矩阵,系统自动产生初始单纯形表,但初始基变量等待做题者填写,即填写初始基变量 $X_B$ 列,如图 4-20 所示。选择初始基变量的过程中,由于变量行中的 $x_3,x_4,x_5$ 所在的三列系数组成 3 阶单位矩阵,故依次点选 $x_3,x_4,x_5$,这三个变量便自动填入基变量 $X_B$ 列中,如图 4-21 所示。

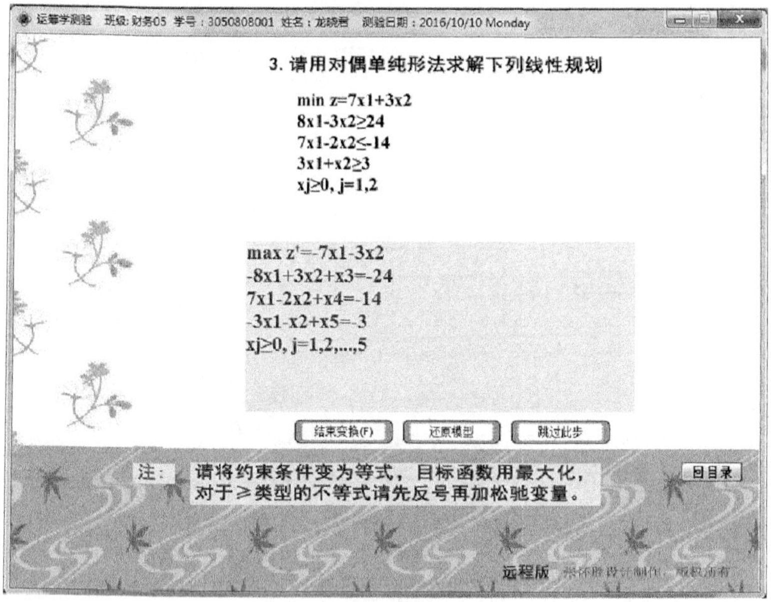


图 4-19　完成模型变换

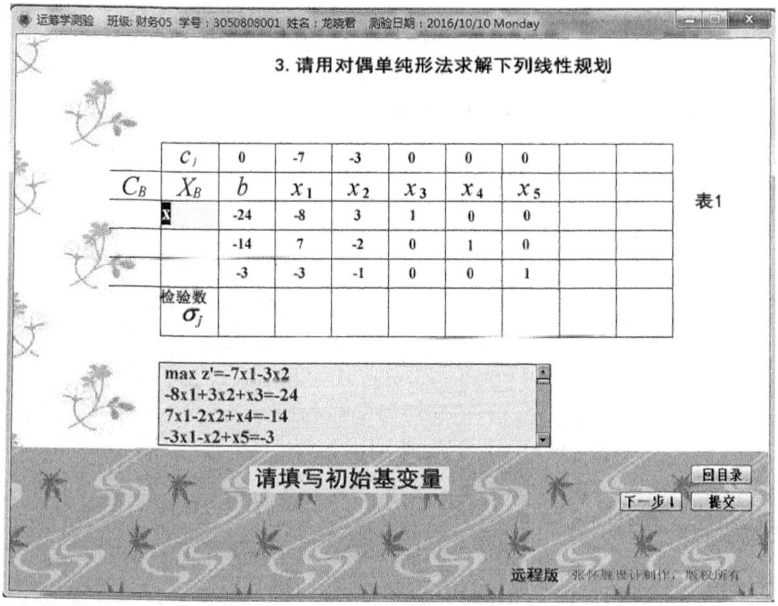


图 4-20　填写初始基变量

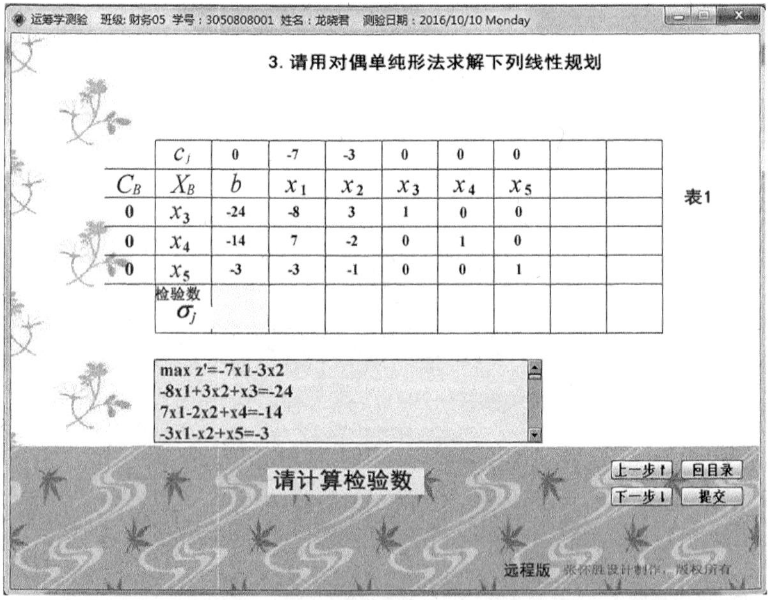


图 4-21　完成初始基变量并计算检验数

按检验数计算公式算出每一个位置的检验数并填入表格相应的位置，便完成了初始单纯形表（图 4-22 中的表 1），进行解的情况判断，如图 4-22 所示。

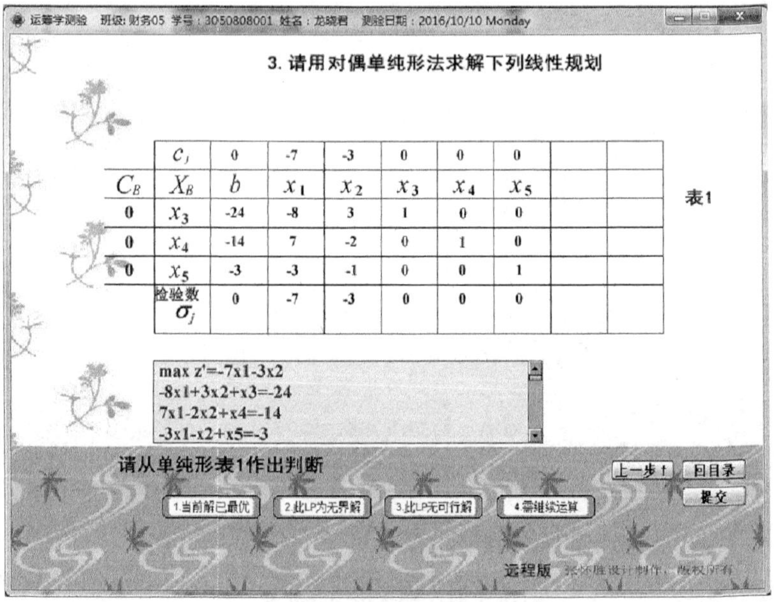


图 4-22　判断解的情况

对偶单纯形法解的情况的判断规则在 4.1 节“练习系统中的对偶单纯形法”中已有说明，此处对图 4-22 所示单纯形表 1 中解的情况判断：由于 $b$ 列上的三个数全为负数，且每一负数的右边系数中均有负系数（如果 $b$ 列上某一负数对应的右边的系数中全非负，则此 LP 无可行解），故选择“4. 需继续运算”。

点击“4. 需继续运算”后，开始单纯形表 2 的计算，首先确定出基变量和入基变量，以形成表 2 的新的一组基变量，如图 4-23 所示。

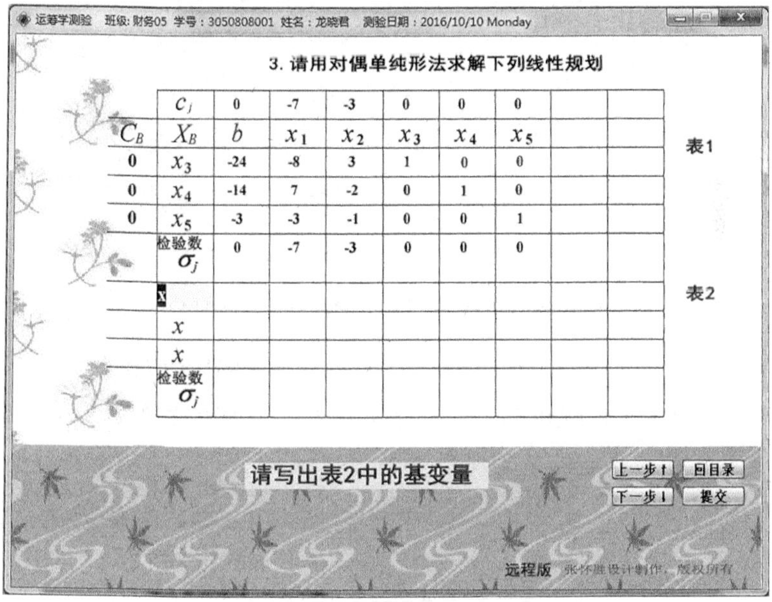


| | $c_j$ | 0 | -7 | -3 | 0 | 0 | 0 | | |
|---|---|---|---|---|---|---|---|---|---|
| $C_B$ | $X_B$ | $b$ | $x_1$ | $x_2$ | $x_3$ | $x_4$ | $x_5$ | | |
| 0 | $x_3$ | -24 | -8 | 3 | 1 | 0 | 0 | | |
| 0 | $x_4$ | -14 | 7 | -2 | 0 | 1 | 0 | | |
| 0 | $x_5$ | -3 | -3 | -1 | 0 | 0 | 1 | | |
| | 检验数 $\sigma_j$ | 0 | -7 | -3 | 0 | 0 | 0 | | |
| | x | | | | | | | | |
| | $x$ | | | | | | | | |
| | $x$ | | | | | | | | |
| | 检验数 $\sigma_j$ | | | | | | | | |

**图 4-23　确定单纯形表 2 的基变量**

单纯形表 1 中（见图 4-22 或图 4-23）$b$ 列上最小的负数为第一个数字“$-24$”，“$-24$”对应的左边基变量为 $x_3$，故此时选取 $x_3$ 为出基变量（也可以选其他负数对应的左边基变量出基），而检验数与对应的出基变量 $x_3$ 行右端负系数的比值只有一个，即“$(-7)/(-8)$”（若有多个，选取比值最小的一个），故选取此比值对应列上的 $x_1$ 为入基变量，替换原来的基变量 $x_3$，因此新的一组基变量依次为 $x_1,x_4,x_5$。在变量行中依次点击这三个变量，则 $x_1,x_4,x_5$ 便被填入单纯形表 2 的基变量 $X_B$ 一栏中，如图 4-24 所示。

图 4-24　完成表 2 的基变量并开始行变换

图 4-24 所示为对表 2 的各行施加初等行变换，操作步骤同 3.2 节“单纯形法的测验系统做题”中的初等行变换，这里略去。初等行变换完成后，即完成单纯形表 2，进行第二次解的情况判断，如图 4-25 所示。

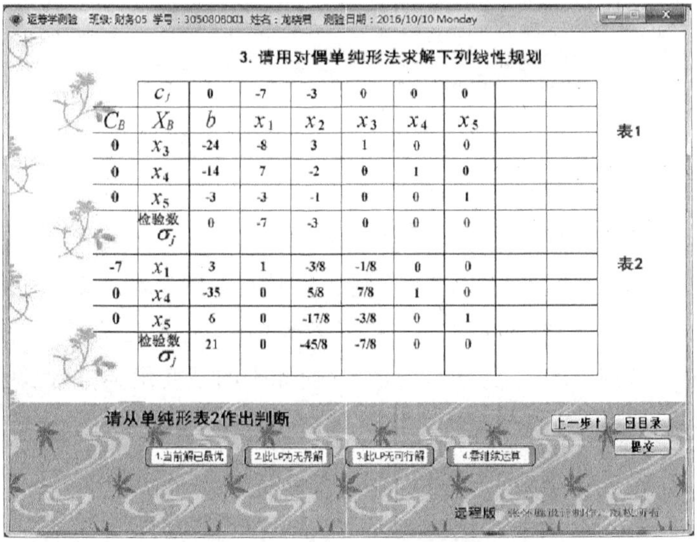


图 4-25　判断第二次解的情况

对图 4-25 中的单纯形表 2 进行解的情况判断时发现，$b$ 列中有一个负数“－35”，但此负数对应的右端系数行向量为[0,5/8,7/8,1,0]，此行向量中所有数字全非负，按 4.1 节中的对偶单纯形法练习中的解的情况判断规则，说明此题的解为无界解。故应点选“2. 此 LP 为无界解”，结束做题。

最后在图 4-26 所示的界面中点击“提交”，服务器保存做题过程与结论。

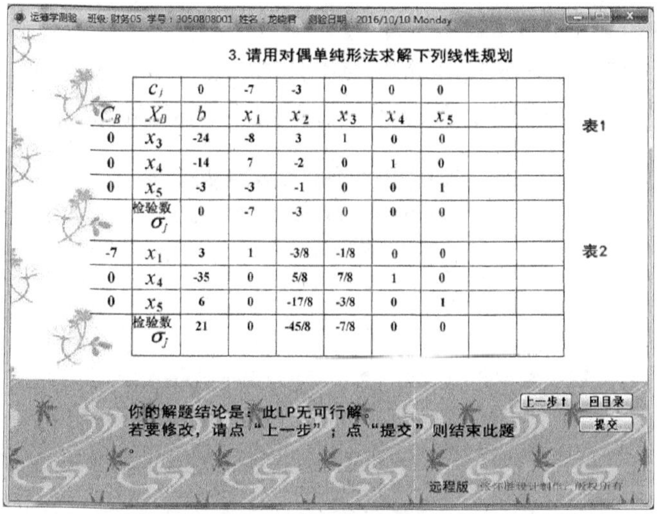


| | $c_j$ | 0 | -7 | -3 | 0 | 0 | 0 | | |
|---|---|---|---|---|---|---|---|---|---|
| $C_B$ | $X_B$ | $b$ | $x_1$ | $x_2$ | $x_3$ | $x_4$ | $x_5$ | | |
| 0 | $x_3$ | -24 | -8 | 3 | 1 | 0 | 0 | | |
| 0 | $x_4$ | -14 | 7 | -2 | 0 | 1 | 0 | | |
| 0 | $x_5$ | -3 | -3 | -1 | 0 | 0 | 1 | | |
| | 检验数 $\sigma_j$ | 0 | -7 | -3 | 0 | 0 | 0 | | |
| -7 | $x_1$ | 3 | 1 | -3/8 | -1/8 | 0 | 0 | | |
| 0 | $x_4$ | -35 | 0 | 5/8 | 7/8 | 1 | 0 | | |
| 0 | $x_5$ | 6 | 0 | -17/8 | -3/8 | 0 | 1 | | |
| | 检验数 $\sigma_j$ | 21 | 0 | -45/8 | -7/8 | 0 | 0 | | |

**图 4-26　显示解题结论**

对偶单纯形法解题结论中的其他情况如图 4-27 所示。

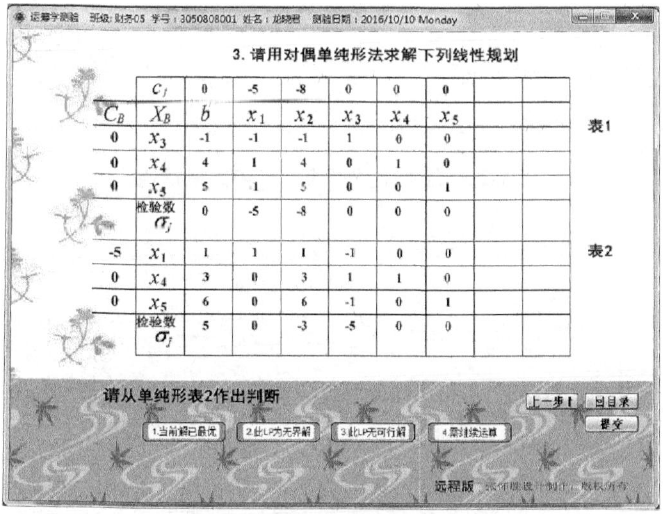


| | $c_j$ | 0 | -5 | -8 | 0 | 0 | 0 | | |
|---|---|---|---|---|---|---|---|---|---|
| $C_B$ | $X_B$ | $b$ | $x_1$ | $x_2$ | $x_3$ | $x_4$ | $x_5$ | | |
| 0 | $x_3$ | -1 | -1 | -1 | 1 | 0 | 0 | | |
| 0 | $x_4$ | 4 | 1 | 4 | 0 | 1 | 0 | | |
| 0 | $x_5$ | 5 | 1 | 5 | 0 | 0 | 1 | | |
| | 检验数 $\sigma_j$ | 0 | -5 | -8 | 0 | 0 | 0 | | |
| -5 | $x_1$ | 1 | 1 | 1 | -1 | 0 | 0 | | |
| 0 | $x_4$ | 3 | 0 | 3 | 1 | 1 | 0 | | |
| 0 | $x_5$ | 6 | 0 | 6 | -1 | 0 | 1 | | |
| | 检验数 $\sigma_j$ | 5 | 0 | -3 | -5 | 0 | 0 | | |

**图 4-27　结论为有最优解的情况**

从图 4-27 中的单纯形表 2 看到,此时 $b$ 列向量为

$$\begin{bmatrix}1\\3\\6\end{bmatrix},$$

即 $b$ 列的三个数全部非负。按对偶单纯形法解的情况判断规则,说明当前解已最优,即应点选第 1 个按钮,于是进入图 4-28 所示的写出最优解界面。根据 $b$ 列与对应的左边的基变量列,此时应写出最优解 $\boldsymbol{X}=[1,0,0,3,6]^{\mathrm{T}}$, $\min z=5$。然后依次点“确定”“提交”,完成并保存做题过程与做题结论。

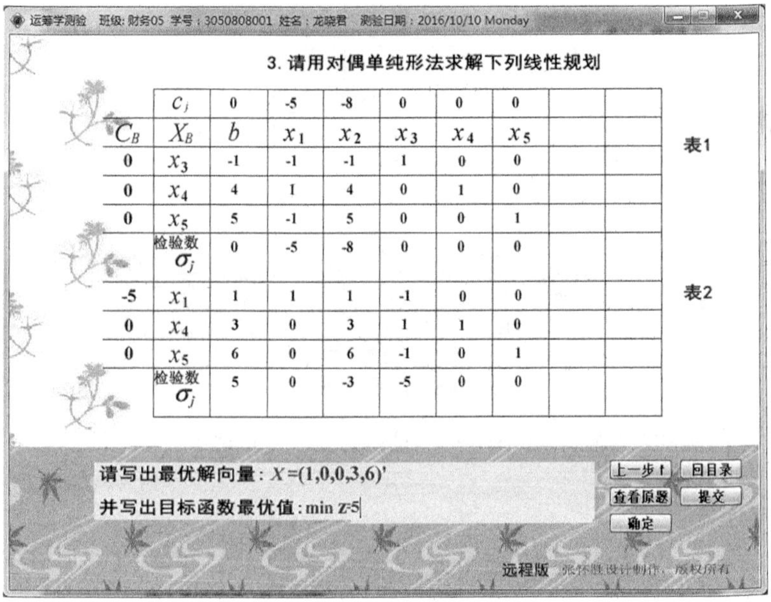


| | $c_j$ | 0 | -5 | -8 | 0 | 0 | 0 | | |
|---|---|---|---|---|---|---|---|---|---|
| $C_B$ | $X_B$ | $b$ | $x_1$ | $x_2$ | $x_3$ | $x_4$ | $x_5$ | | |
| 0 | $x_3$ | -1 | -1 | -1 | 1 | 0 | 0 | | |
| 0 | $x_4$ | 4 | 1 | 4 | 0 | 1 | 0 | | |
| 0 | $x_5$ | 5 | -1 | 5 | 0 | 0 | 1 | | |
| | 检验数 $\sigma_j$ | 0 | -5 | -8 | 0 | 0 | 0 | | |
| -5 | $x_1$ | 1 | 1 | 1 | -1 | 0 | 0 | | |
| 0 | $x_4$ | 3 | 0 | 3 | 1 | 1 | 0 | | |
| 0 | $x_5$ | 6 | 0 | 6 | -1 | 0 | 1 | | |
| | 检验数 $\sigma_j$ | 5 | 0 | -3 | -5 | 0 | 0 | | |

图 4-28　输入最优解及目标函数最优值

# 第 5 章　运输问题的表上作业法

## 5.1　表上作业法的练习系统做题

在图 5-1 中点击“4、表上作业法”后，便出现运输问题的题目输入框，可以输入一个题目（输入时请注意规模限制），也可把磁盘中已下载的题目读入输入框中，如图 5-2 所示。

题目输入完毕或读取题目后，点击“开始求解（S）”按钮，即可进入交互练习的开始界面，如图 5-3 所示。

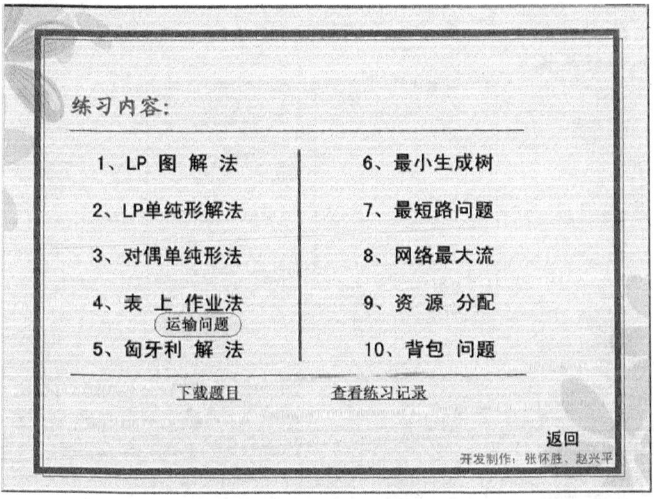


图 5-1　练习内容目录

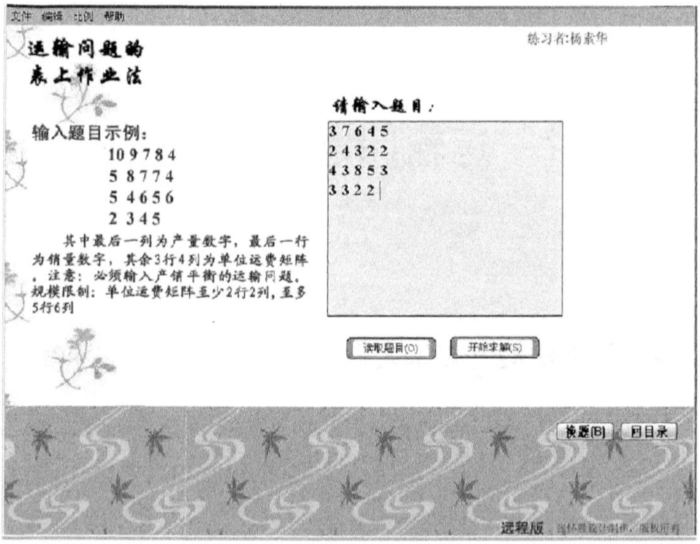


图 5-2　获取运输问题题目

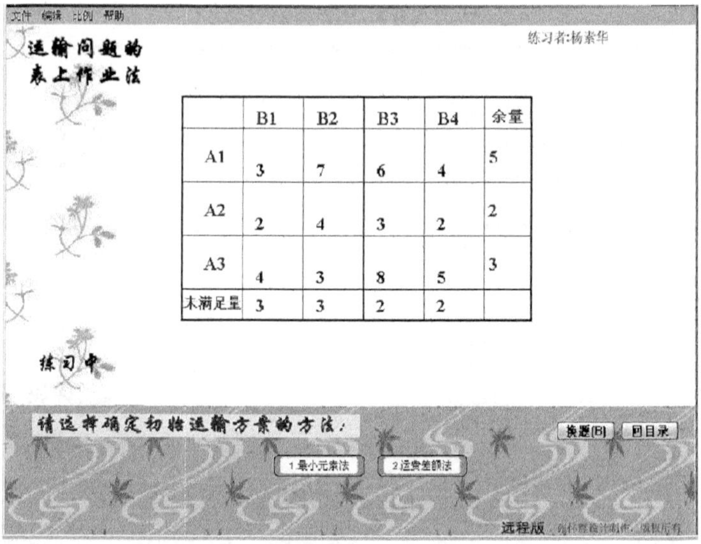


| | B1 | B2 | B3 | B4 | 余量 |
|---|---|---|---|---|---|
| A1 | 3 | 7 | 6 | 4 | 5 |
| A2 | 2 | 4 | 3 | 2 | 2 |
| A3 | 4 | 3 | 8 | 5 | 3 |
| 未满足量 | 3 | 3 | 2 | 2 | |

图 5-3　选择确定初始运输方案的方法

在图 5-3 所示的交互中，首先选择一个确定初始运输方案的方法，这里选择“2. 运费差额法”进行操作说明，然后计算行差与列差并填入表格。注意：全部行差与列差均填写好后点击“确定(Enter)”，如要在某格填写行差或列差，只要在相应的格子中点击即可填写。如图 5-4 所示。

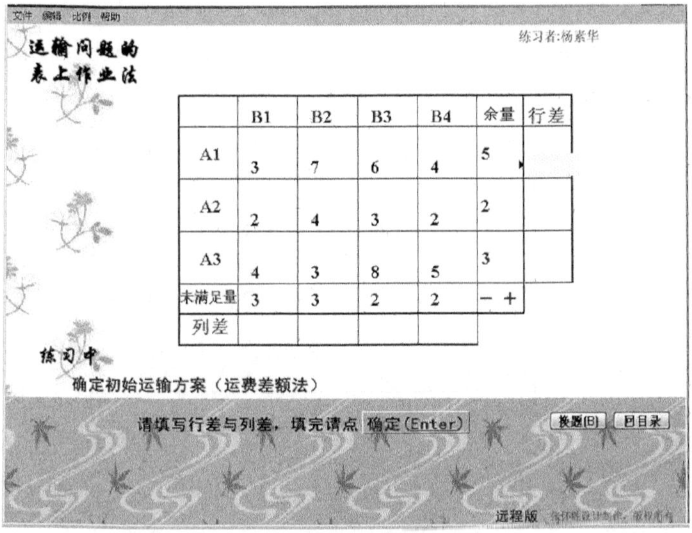


图 5-4　填写行差与列差

每行的行差是该行的第一个最小运费与第二个最小运费的差额绝对值，每列的列差是该列的第一个最小运费与第二个最小运费的差额。此题行差和列差的计算结果见图 5-5。

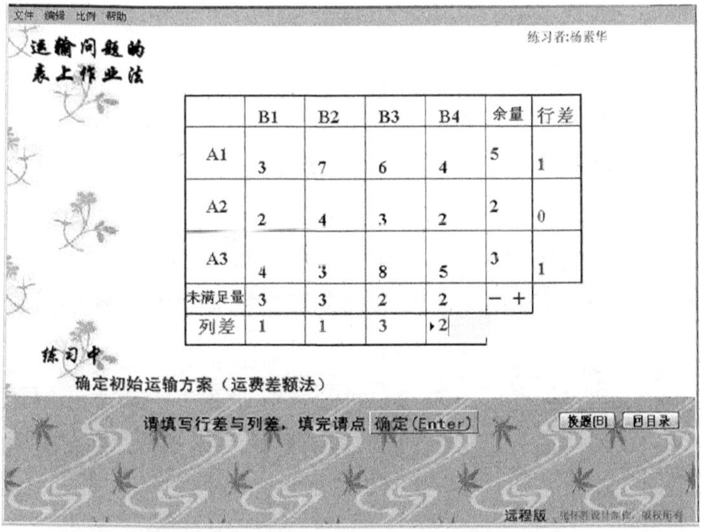


图 5-5　完成行差与列差的填写

填完所有行差和列差后，点击“确定”，即可进入安排运输量界面，如图 5-6 所示。

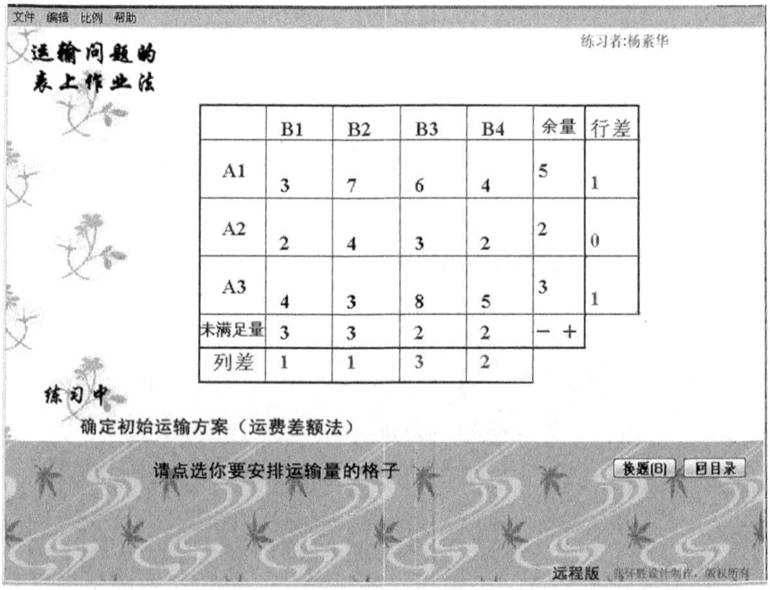


**图 5-6　安排运输量**

在图 5-6 所示的安排运输量的界面中，从所有行差和列差中选出最大者，此题当前为选择 7 个差额数字中的最大数，即“3”。此题最大差额“3”出现在 B3 列的列差中，故寻找 B3 列中的最小运费位置，可知 B3 列最小运费为“3”，处于 A2 行与 B3 列交叉的格子里（以下称此格为 A2B3 格），所以第一个安排运输量的格子为 A2B3 格，点击此格，输入光标便定位到此格等待输入运输量，如图 5-7 所示。

在图 5-7 中，B3 的需要量为“2”，而 A2 的可供应量为“2”，所以在 A2B3 格填入“2”（填写的运输量取相应行中产量余量与相应列中未满足需求量的最小值）。

在图 5-7 的交互中，也可点击 B3 列的未满足量“2”或点击 A2 行的余量“2”，自动完成 A2B3 格运输量的填写。运输量填写正确后，便可进入划行划列选择的操作界面，如图 5-8 所示。

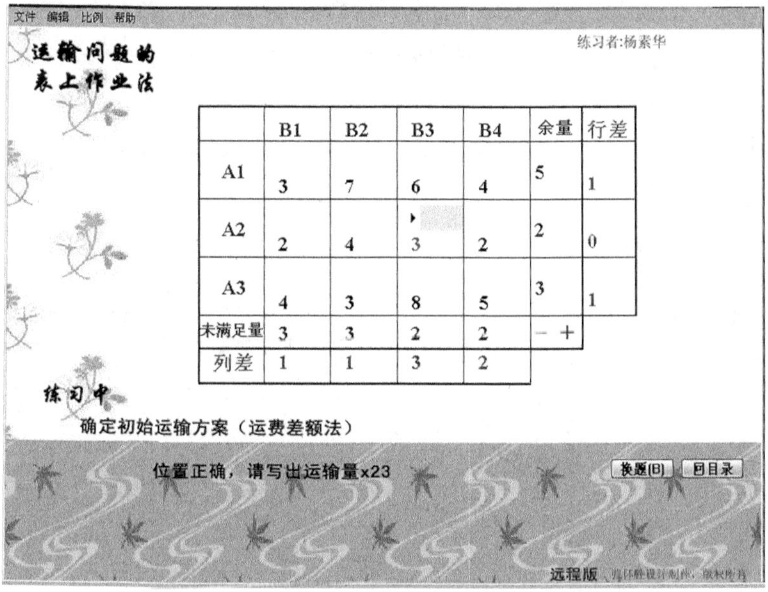


图 5-7　填写运输量

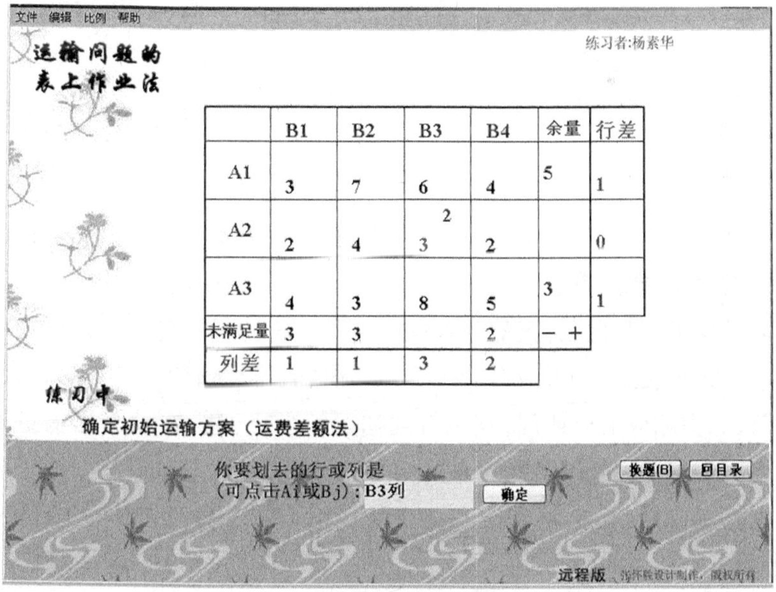


图 5-8　划行划列选择

在图 5-8 的操作中，由于 A2 的可供应量已全部运出，故 A2 的余量为空；由于B3的需求量也已经完全满足，故B3的未满足量也为空，划去A2行或B3列，但划行划列只能选其一。这里选择划去B3列（可在输入框中直接填写B3列，也可点击B3完成操作）。

点击“确定”后，系统自动删除B3列运费元素，保留A2到B3的运输量。然后进行第二次填写行差和列差的操作，如图5-9所示。

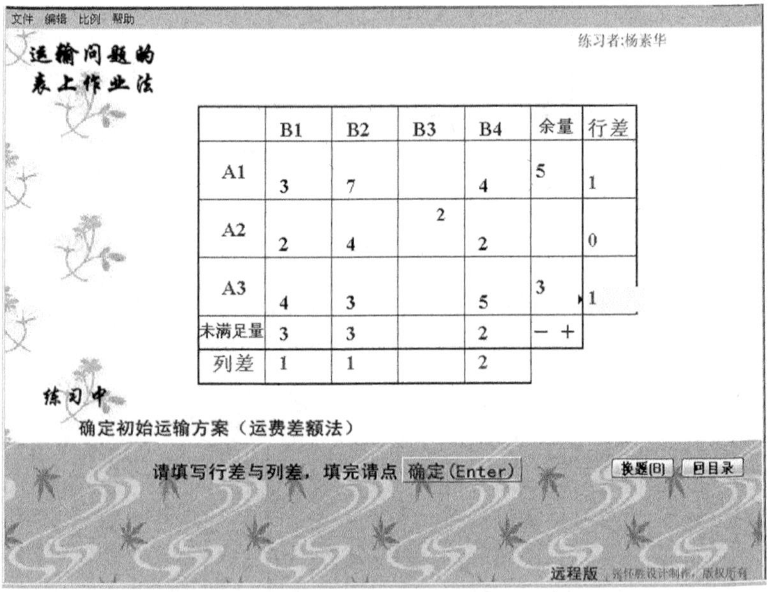


**图5-9　第二次填写行差和列差**

由于B3列已划去，故列差只剩下3个，行差仍为3个。又由于每行少了一个运费元素，故行差需重新计算。划去B3后剩下的列中运费元素没变，此时新的列差只是少了一列而已，其他列差没变。所有新的行差与列差计算完成后点击“确定”，按前述规则重复操作，分别点选需要安排运输量的那一格、写出对应的运输量、划去相应的行或列，直至得到初始解为止（注：在填写运输量的过程中可能会出现需要填入“0”的空格，此时只需要点击相应的余量列或未满足量行中的空格即可）。初始解如图5-10所示（每格右上角处的数字为基格运输量，右上角没有数字的为非基格）。

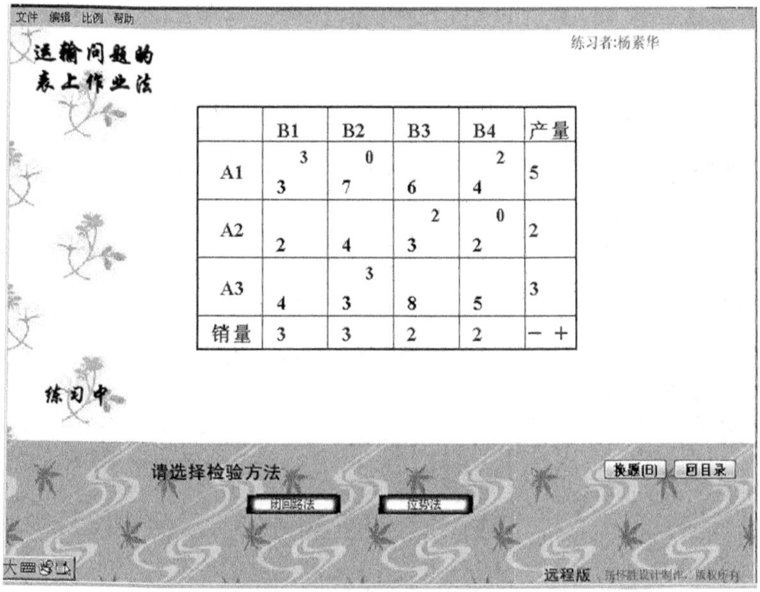


图 5-10　完成初始解并选择检验方法

在图 5-10 的操作中，可选择“闭回路法”或“位势法”检验此解是否为最优解，本题中选择“位势法”，然后进行行、列位势的填写操作，如图 5-11 所示。

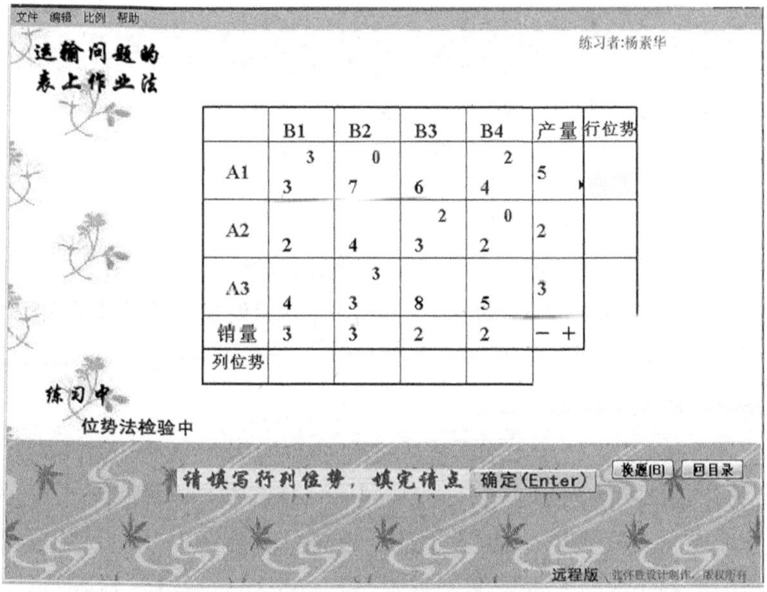


图 5-11　填写行位势与列位势

位势的确定公式为

$$C_{ij} = U_i + V_j$$

其中，$C_{ij}$为基格（右上角有数字的格子）AiBj 对应的单位运费（左下角的数字），$U_i$ 为基格所在行的行位势，$V_j$ 为基格所在列的列位势。

第一个位势可任选一个位势格并在此格内填入任意数字，其他的行位势与列位势的计算按上述位势确定公式由已填好的第一个位势推算即可。由此得到所有行位势和列位势，如图 5-12 所示。

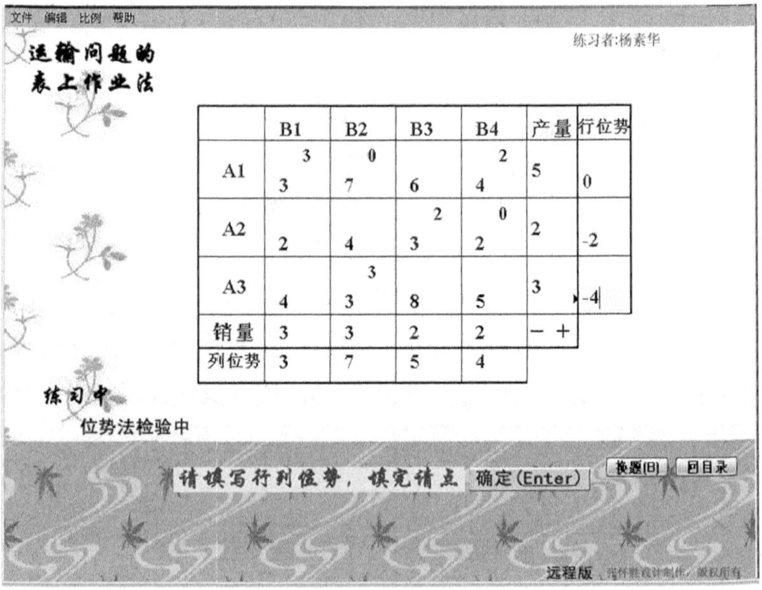


**图 5-12　完成行列位势**

所有行、列位势均填写完成后，点击“确定（Enter）”，便可进入计算非基格检验数的操作界面，如图 5-13 所示。根据行位势和列位势填入非基格（未填运量的格子）检验数。

非基格检验数的计算公式为

$$\lambda_{ij} = C_{ij} - (U_i + V_j)$$

其中，$\lambda_{ij}$为非基格检验数，$C_{ij}$，$U_i$，$V_j$ 意义同前。

计算非基格检验数时，数字简单的可直接口算出结果并填入相应位置，数字较复杂的可利用界面上的数字和算符进行点击操作运算。检验数计算结果如图 5-13 所示，右上角有括号的数字为计算得到的检验数，完成后点击“确定

(Enter)”。接下来进入判断是否调整方案的操作界面，如图 5-14 所示。

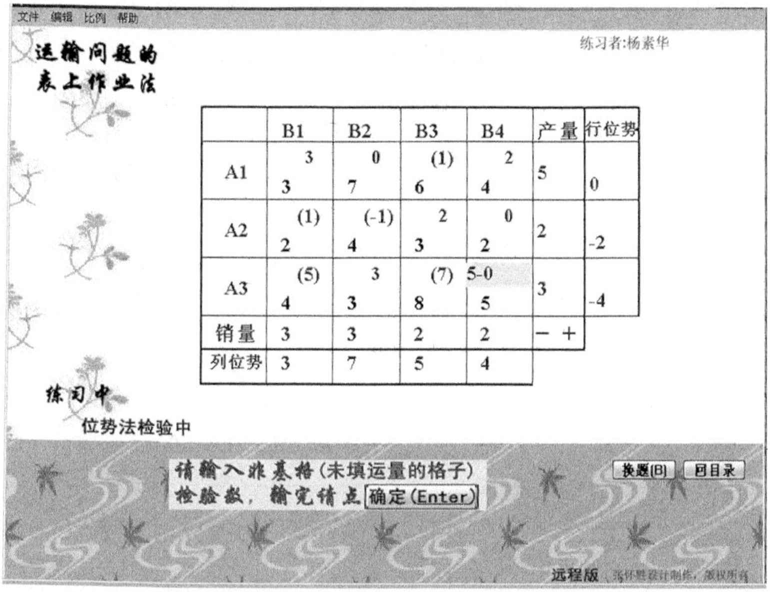


图 5-13　非基格检验数计算结果

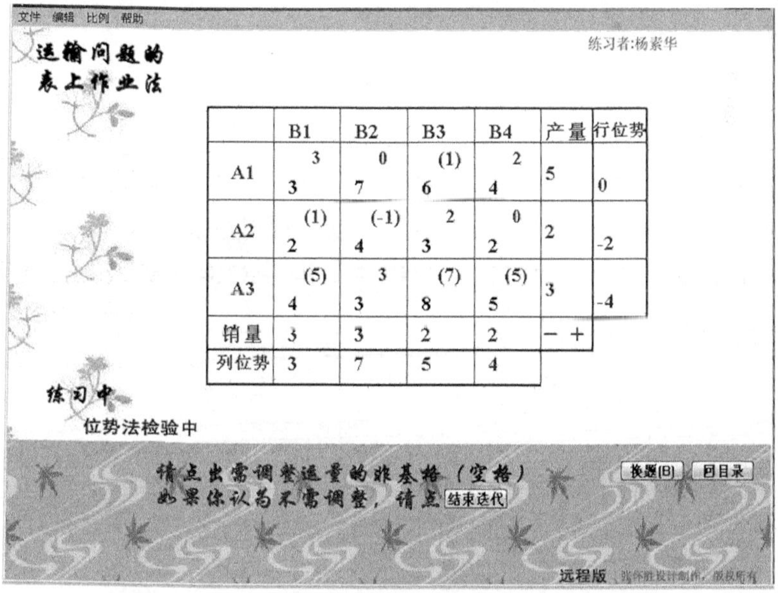


图 5-14　判断是否调整方案

在图 5-14 所示的交互中,根据检验数(每格右上角有括号的数字)判断是否需要调整运量,若不需要,则点击“结束迭代”;否则,点出需要调整运量的非基格。本题中,由于存在负检验数“ -1”,所以需要调整运量,点击检验数“ -1”所在的 A2B2 格,便可进入寻找闭回路的操作界面,如图 5-15 所示。

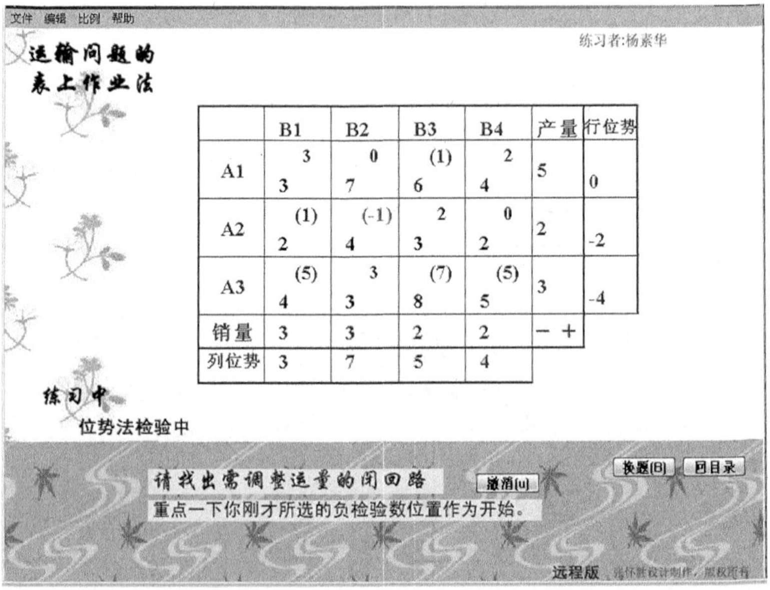


**图 5-15　寻找闭回路**

图 5-15 所示的操作为找出以检验数“ -1”即 A2B2 格为起点的闭回路。闭回路是从非基格出发,按水平方向或竖直方向前进,每遇到基格转 90°以连接下一个基格,如此进行下去,最后能回到出发点的封闭路线。这里从 A2B2 格开始,依次点击的格子序列为“A2B2 - A1B2 - A1B4 - A2B4 - A2B2”,由此得到闭回路,如图 5-16 所示。

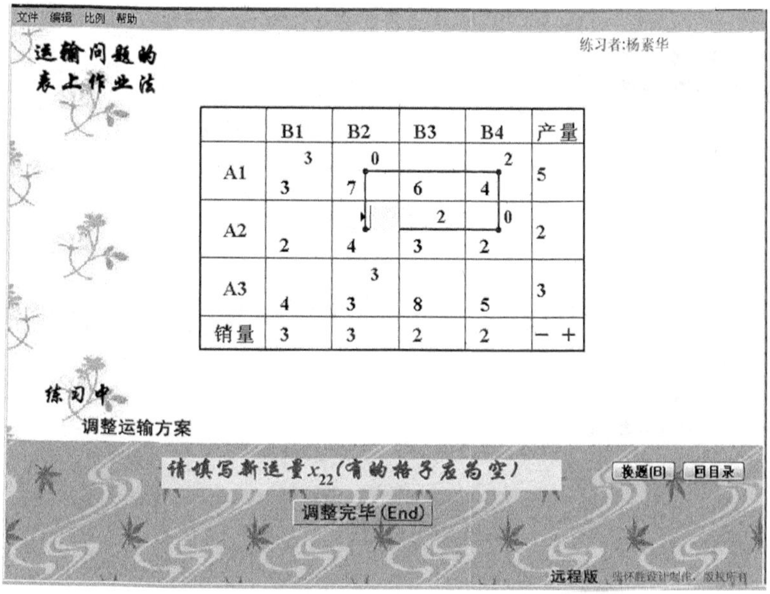


图 5-16　得到闭回路

调整运输方案的方法是:从当前闭回路上的非基格开始增加运输量,下一格减少运输量,如此增减交替直到最后一个格子(即回到起点之前的那一个格子)。增减位置都确定(见图 5-17)后,取被减位置运输量的最小值作为调整量,然后所有需增加运输量的格子加上调整量,所有需减少运输量的格子减去调整量,至少有一个格子的运输量被减为"0",删除其中一个"0",使其成为新的非基格。本题中,被减位置为 A1B2 格和 A2B4 格,这两个格子运输量的最小值为 0,故将 A2B2 格的运输量加 0,A2B4 格的运输量减 0,A1B4 格的运输量加 0,A1B2 格的运输量减 0,则 $x_{12}$ 和 $x_{24}$ 仍将为 0,但需使其中一个为非基格,故任意删掉一个 0,使其为空格。这里删除的是 $x_{24}$,调整后的运输方案如图 5-18 所示。

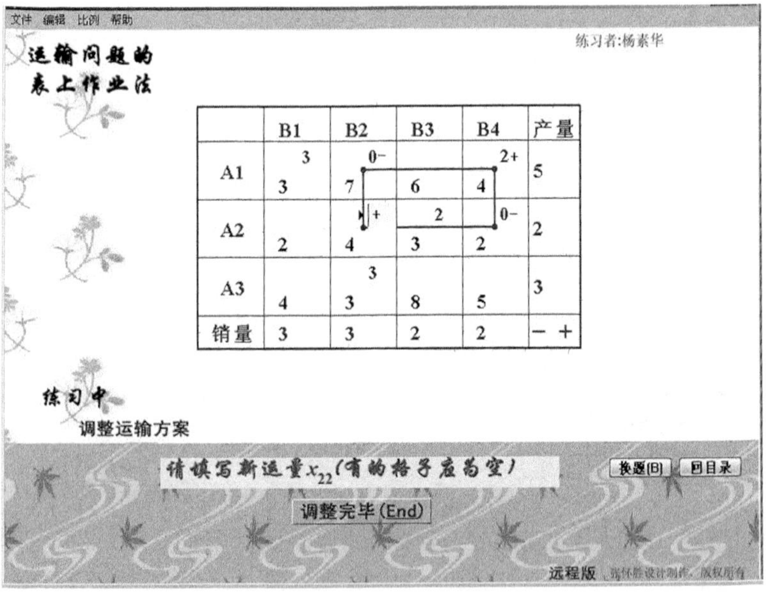


图 5-17 调整运输方案

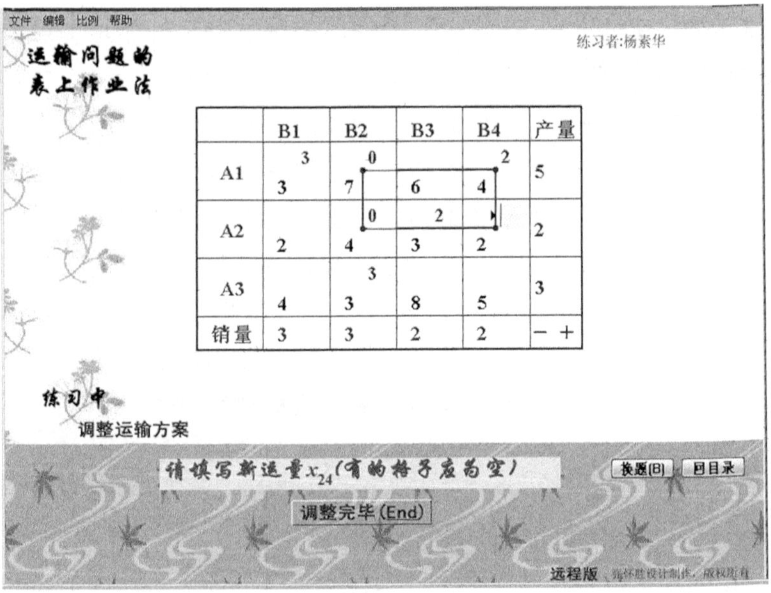


图 5-18 调整结果

调整结束后,点击“调整完毕(End)”,进行第二次检验方法的选择(如图 5-19 所示)。

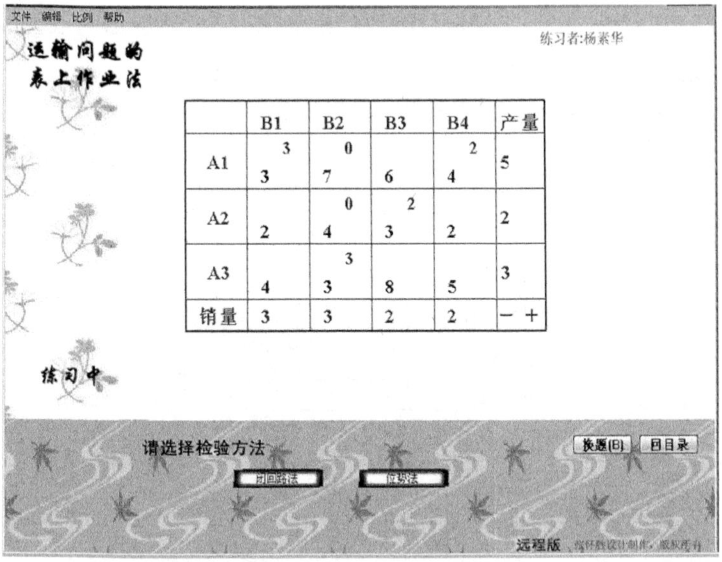


图 5-19　选择检验方法

选择“闭回路法”或“位势法”检验此解是否为最优解，本题中选择“位势法”进行检验，根据行位势和列位势填入非基格（未填运量的格子）检验数，最终得到所有非基格检验数，见图 5-20 中有括号的数字。

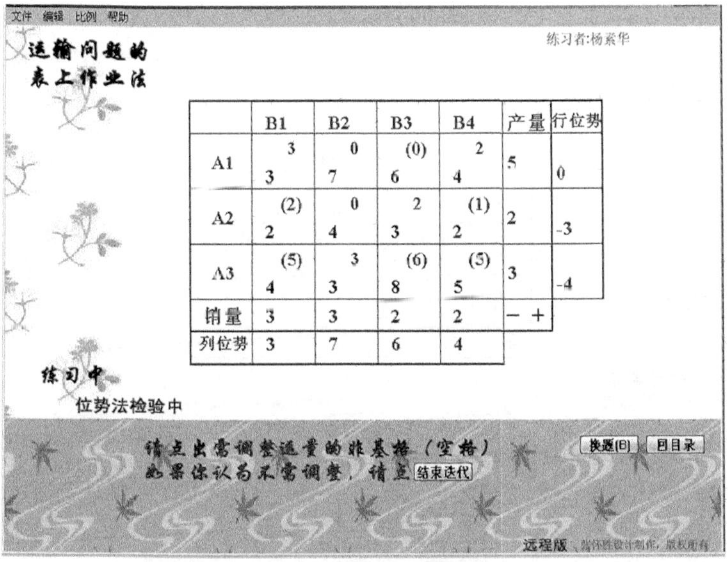


图 5-20　完成第二次检验

从图 5-20 看到，所有非基格检验数均已非负，故当前解已为最优，点击“结束迭代”，进入计算总运费的操作界面，如图 5-21 所示。

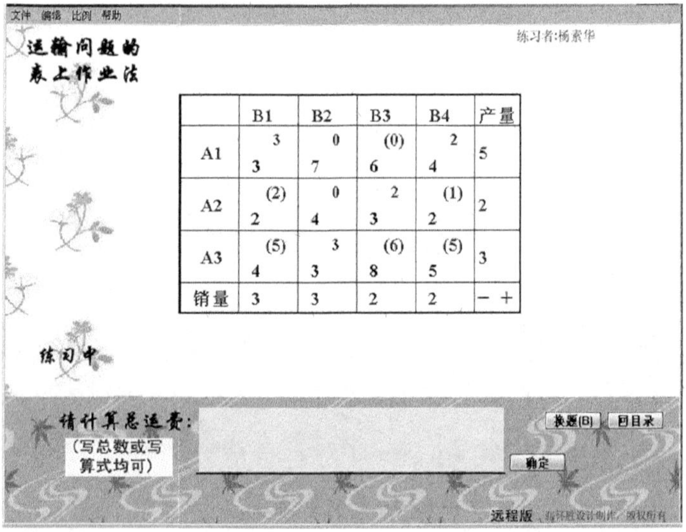


图 5-21　计算总运费

总运费可直接填入总数“32”，也可输入算式“3 ∗ 3 + 7 ∗ 0 + 4 ∗ 2 + 4 ∗ 0 + 3 ∗ 2 + 3 ∗ 3”，系统会自动计算出结果，点击“确定”结束做题，等待评分，如图 5-22 所示。

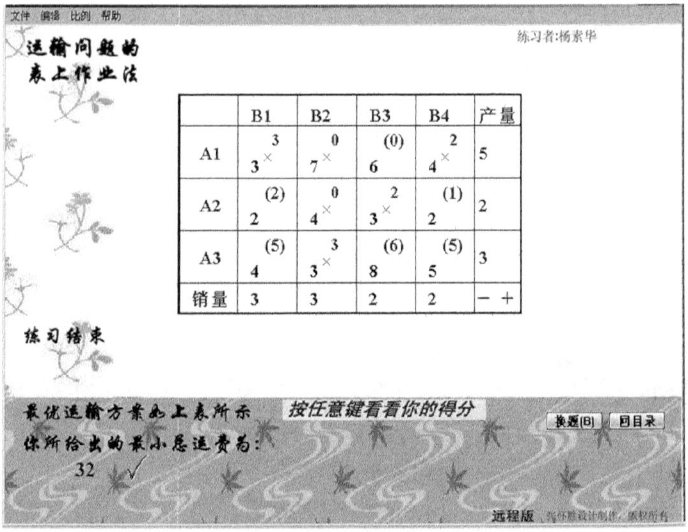


图 5-22　做题完成

注意：在表上作业法中，表上有很多数字，练习过程中需要注意并分清各元素的含义，即每格左下角数字为单位运费，右上角没有括号的数字为运输量，右上角有括号的数字为检验数。

## 5.2　表上作业法的测验系统做题

在测验系统的目录菜单中点击“4、表上作业法”，运输问题的题目便自动生成，并开始做题的第一步即确定初始运输方案，如图 5-23 所示。

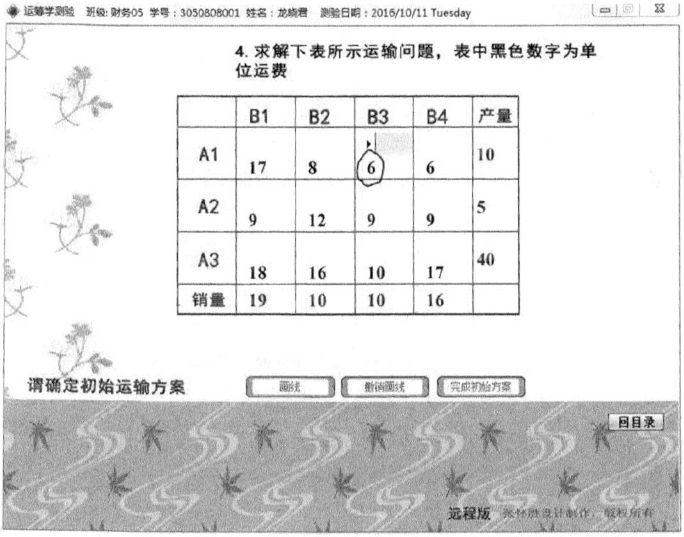


图 5-23　确定初始运输方案

这里采用最小元素法确定初始运输方案，由图 5-22 可见，最小运费数字为“6”，且有两处均为“6”，任选一处，这里点选 A1B3 格。接下来取 A1 产量和 B3 销量的最小值“10”作为 A1 到 B3 的运输量，将其填入 A1B3 格。

在图 5-23 中，由于 A1 的产量已全部运出，且 B3 的销量也全部得到，故既可划去 A1 行，也可划去 B3 列，但只能画一条线，这里选择划去 A1 行。

注意：画线时，按住鼠标左键不动，然后拖动鼠标。

接着，在未被划去的运费元素中找到最小值 9，有三个格子的运费均为 9，任选一处，这里选择 A2B1 格，取 A2 产量“5”和 B1 销量“19”的最小值“5”作为 A2 到 B1 的运量，填入 A2B1 格中，如图 5-24 所示。此时 A1 产量已全部运出，故划去 A1 行，如图 5-25 所示。

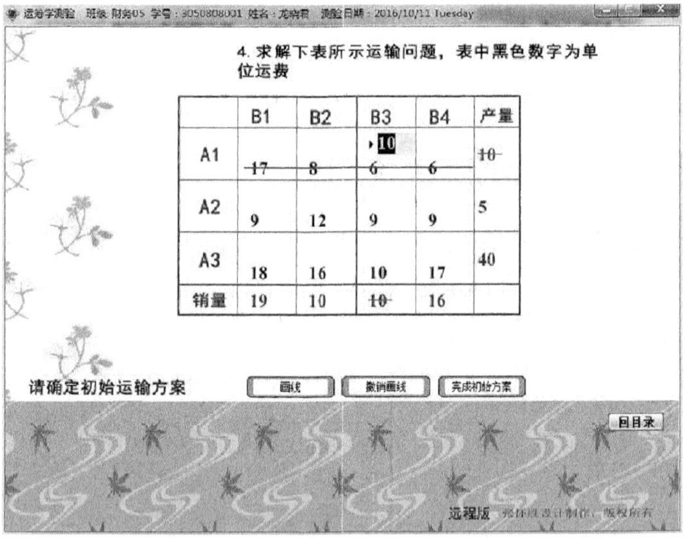


图 5-24　填写第一个基格运量并画线

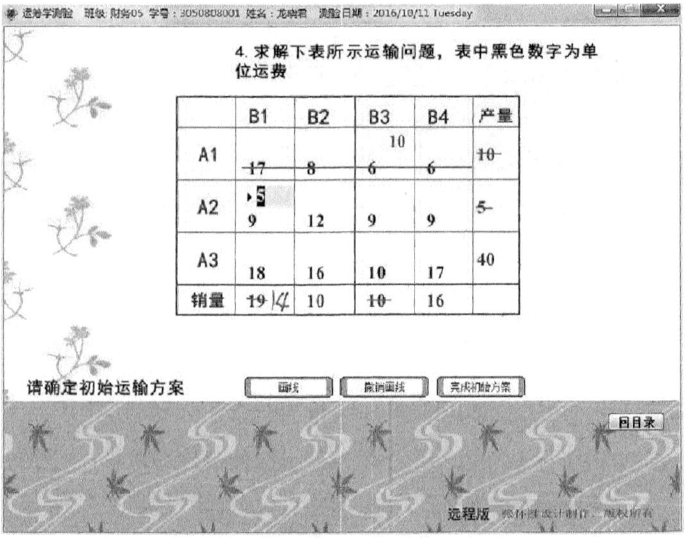


图 5-25　填写第二个基格运输量

在剩下的未被划去的运费元素中，最小者“10”，位于 A3B3 格中，故选择 A3B3 格，由于 B3 的销量之前已全部达到，故此时 A3 到 B3 运量只能填写“0”并划去 B3 列，如图 5-26 所示。

如此反复进行，直到填写完第 6 个运输量，完成初始运输方案，如图 5-27 所示。

初始运输方案完成后，点击“完成初始方案”按钮，进入开始运输方案检验操作界面，如图 5-28 所示。

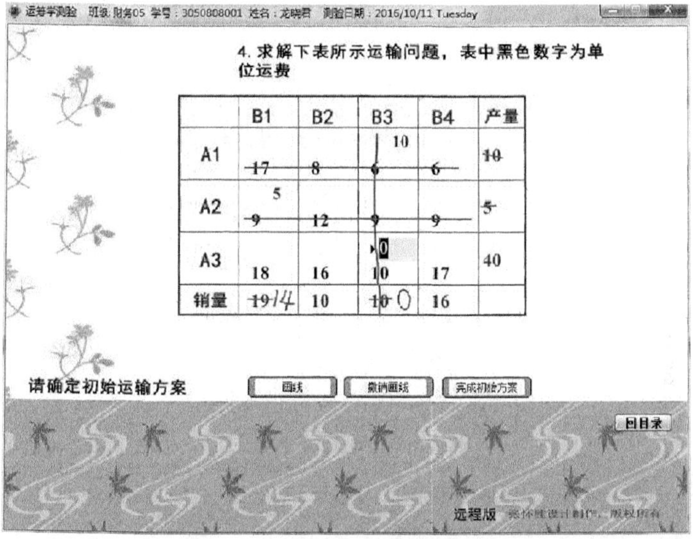


图 5-26　填写运量与画线

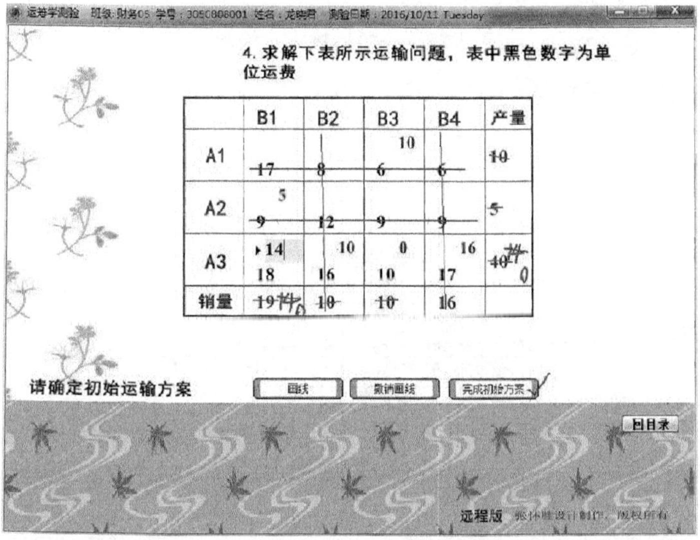


图 5-27　完成初始运输方案

仍然选择位势法进行检验，在图 5-28 所示的交互中，点击“计算位势”按钮，运输表便增加一行和一列，等待填写行位势和列位势。行位势与列位势的确定方法见 5.1 节，所有位势完成后便可计算非基格检验数，计算公式见 5.1 节。位势与检验数（运费表每格右上角有括号的数字为非基格检验数）计算结果如图 5-29 所示。点击“检验完毕”按钮，进入判断当前解是否最优的操作界面，如图 5-30 所示。

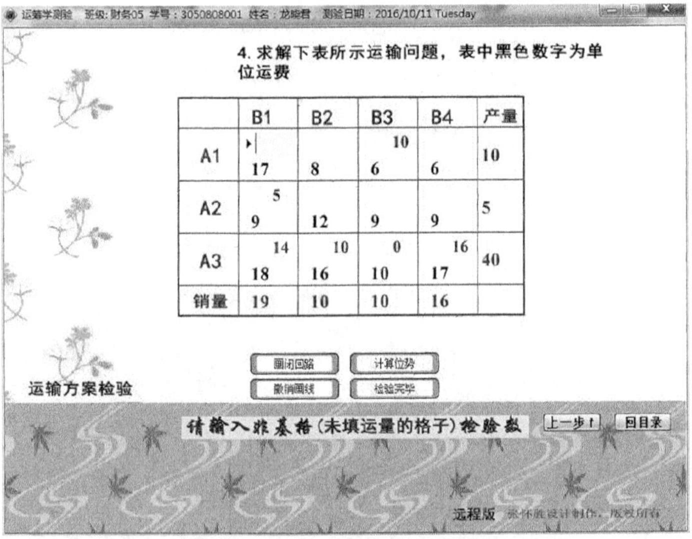


图 5-28　开始运输方案检验

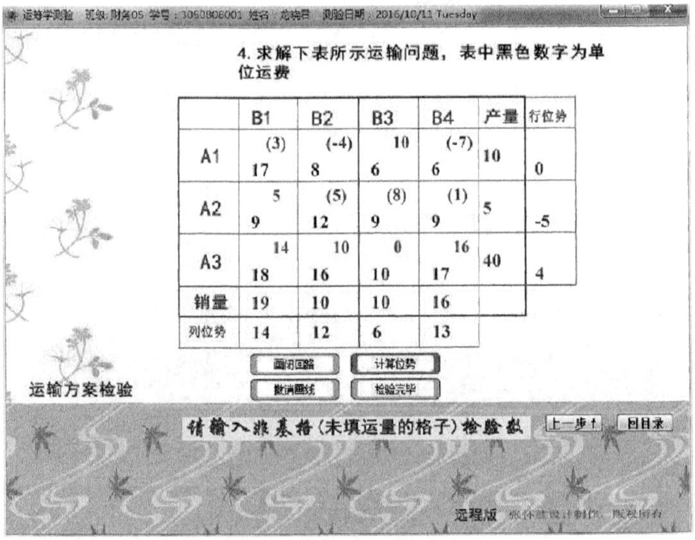


图 5-29　计算位势与检验数

如果所有检验数全非负，则当前解为最优解，否则需调整运输方案，从图 5-30看出，当前有两个负检验数“ -4”和“ -7”，它们分别位于 A1B2 格和 A1B4 格，故方案需调整。点击“2. 方案需调整”，进入调整运输方案的步骤。

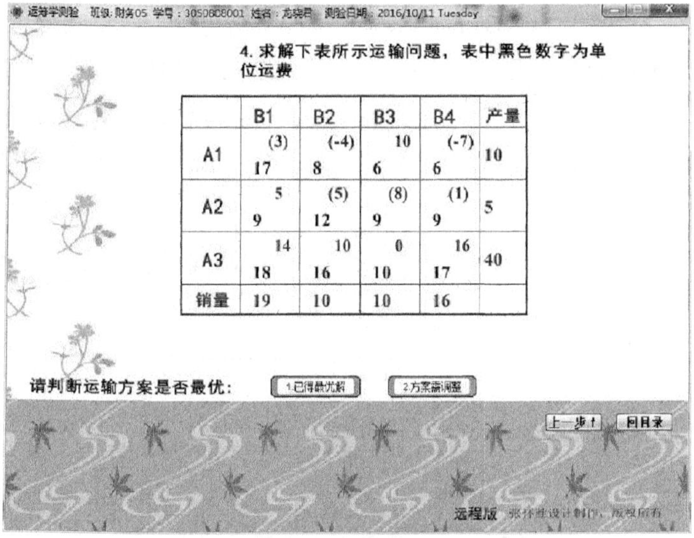


| | B1 | B2 | B3 | B4 | 产量 |
|---|---|---|---|---|---|
| A1 | (3) 17 | (-4) 8 | 10 6 | (-7) 6 | 10 |
| A2 | 5 9 | (5) 12 | (8) 9 | (1) 9 | 5 |
| A3 | 14 18 | 10 16 | 0 10 | 16 17 | 40 |
| 销量 | 19 | 10 | 10 | 16 | |

图 5-30　判断当前解是否最优

由于 A1B4 格的检验数“ -7”是最小的负检验数，故选择 A1B4 格调整，以 A1B4 格为起点，找出闭回路如下：A1B4 - A3B4 - A3B3 - A1B3 - A1B4，如图 5-31 所示。

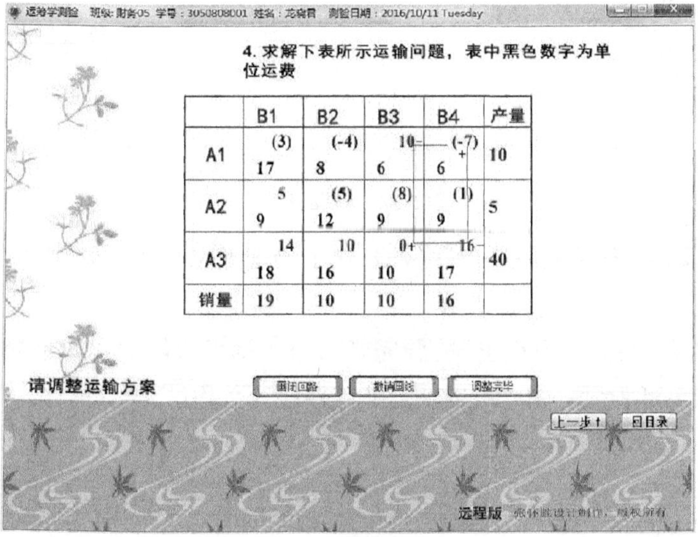


| | B1 | B2 | B3 | B4 | 产量 |
|---|---|---|---|---|---|
| A1 | (3) 17 | (-4) 8 | 10 - 6 | (-7) + 6 | 10 |
| A2 | 5 9 | (5) 12 | (8) 9 | (1) 9 | 5 |
| A3 | 14 18 | 10 16 | 0 + 10 | 16 - 17 | 40 |
| 销量 | 19 | 10 | 10 | 16 | |

图 5-31　画闭回路并确定增减位置

注意:画闭回路时,按住鼠标左键拖动鼠标,转角时松开鼠标左键再按住继续画。

调整运输方案时,闭回路的起点为 A1B4 格加运输量,下一个点为 A3B4 格减运输量,再下一个点 A3B3 格加运输量,最后一个点 A1B3 格减运输量。

在图 5-31 中的闭回路上,被减运量格 A3B4 的运量是“16”,被减运量格 A1B3 格的运量是“10”,两者的最小值是“10”,故取“10”作为调整量。于是加运量格 A1B4 和 A3B3 的运量均加 10,减运量格 A3B4 和 A1B3 的运量均减 10,调整结果如图 5-32 所示。

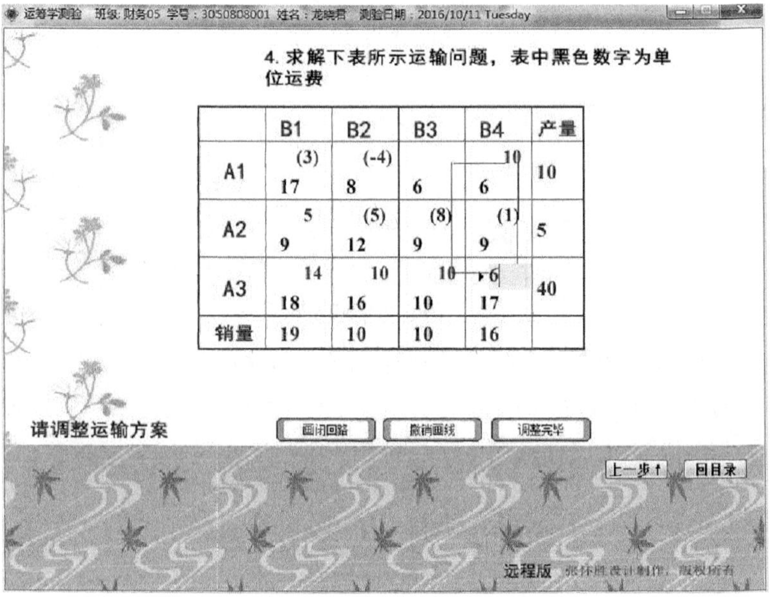


**图 5-32 调整结果**

点击“调整完毕”便行第二次检验,这里仍选择位势法检验,位势与检验数计算过程略,结果如图 5-33 所示。

在图 5-33 的交互中点击“检验完毕”,进入第二次解的最优性判断的操作界面,如图 5-34 所示。由于此时所有非基格检验数均已非负,故图 5-34 所示运输方案已经最优。

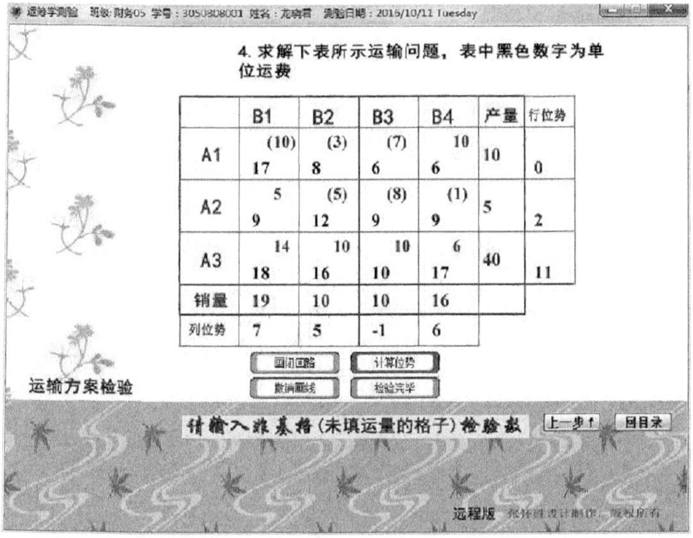


图 5-33　位势与检验数计算结果

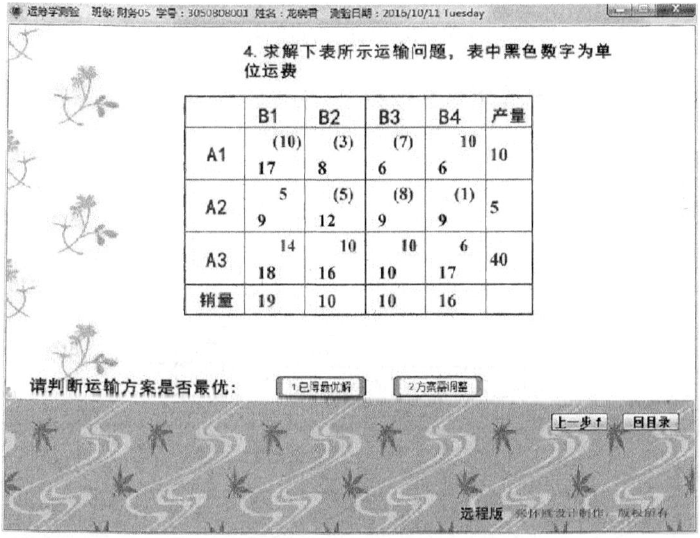


图 5-34　第二次解的最优性判断

在图 5-34 的交互中点击“1. 已得最优解”，便进入计算总运费的界面，如图 5-35 所示。每一基格的单位运费乘以此格运输量（右上角没有括号的数字）的乘积均要被加到总运费中，如图 5-35 所示。完成后点击“确定”，软件会自动显示算式的最小总运费，如图 5-36 所示。点击“提交”结束做题并上传做题记录和结果。

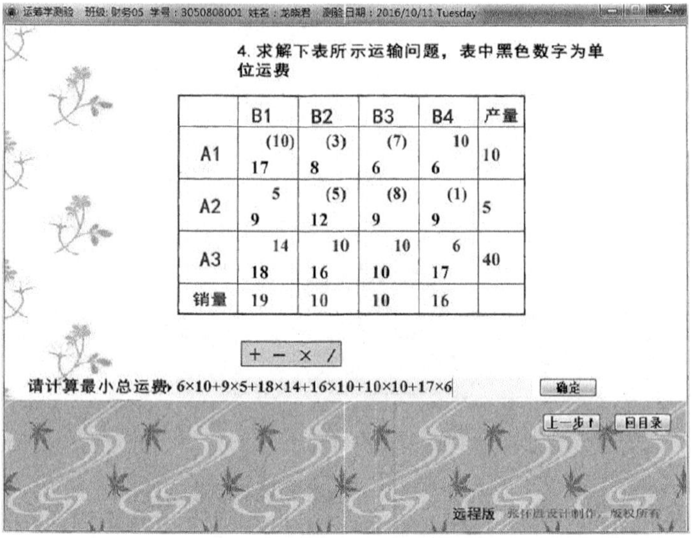


图 5-35　计算总运费

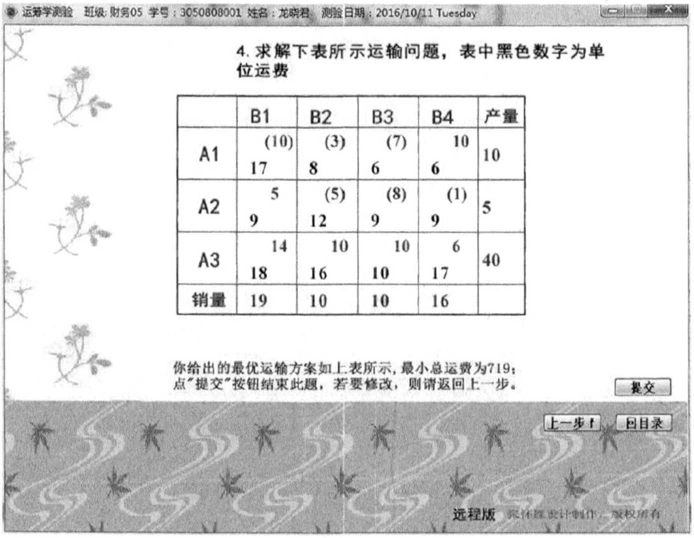


图 5-36　显示做题者计算的总运费

# 第6章　匈牙利解法

## 6.1　匈牙利解法的练习系统做题

在练习系统内容目录中点击“5、匈牙利解法”(如图6-1所示),出现题目输入框。在输入框中可以输入一个题目(注意规模限制),也可把磁盘中已下载的题目读入输入框,如图6-2所示。

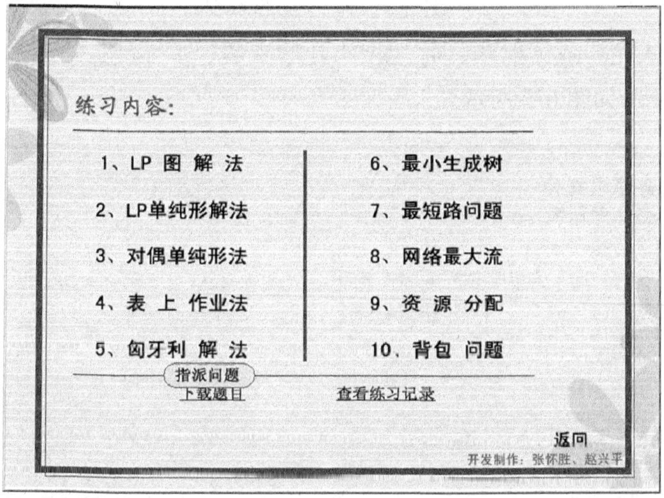


图6-1　练习系统内容目录

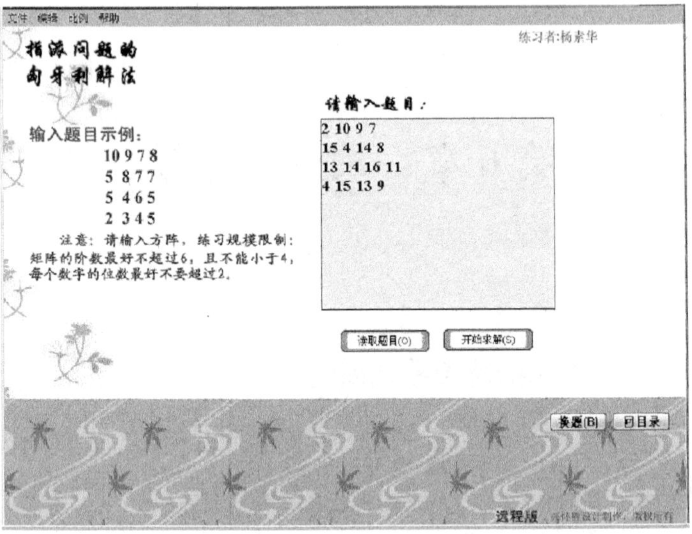


图 6-2　指派问题获取题目

题目输入完毕或读取题目后,点击“开始求解(S)”按钮,即进入交互练习,开始矩阵变换(如图 6-3 所示)。

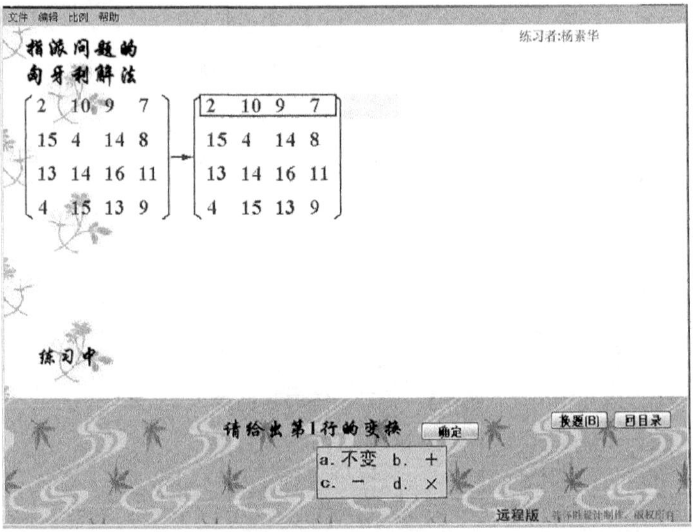


图 6-3　开始矩阵变换

在图 6-3 的交互中,从效率矩阵的每行元素减去该行的最小元素,如本题的第一行变换,即第一行的各个元素分别减去本行的最小元素“2”,可直接在输入框中输入“ -2”,也可以进行点击操作(依次点击算符“ - ”、第一行的最小元素“2”),如图 6-4 所示。

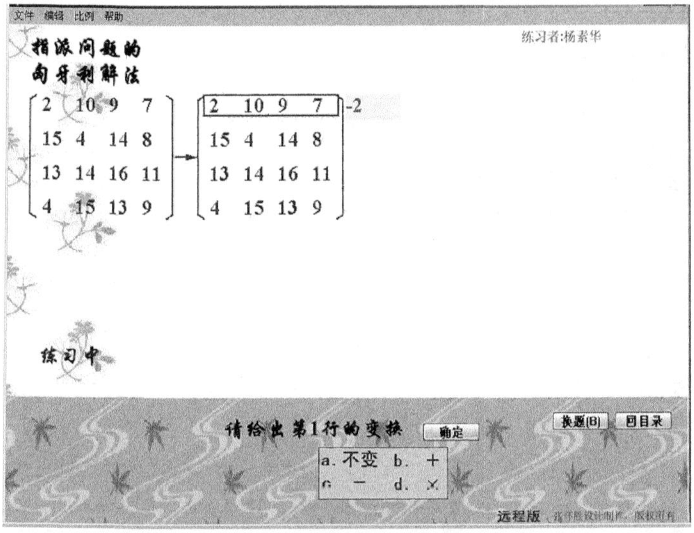


图 6-4　矩阵第一行的变换

点击“确定”,完成第一行的变换。对其余的行和列分别进行同样的操作(若行或列中含有 0 元素,则点击“a. 不变”),最终得到变换后的新矩阵,如图 6-5 所示。

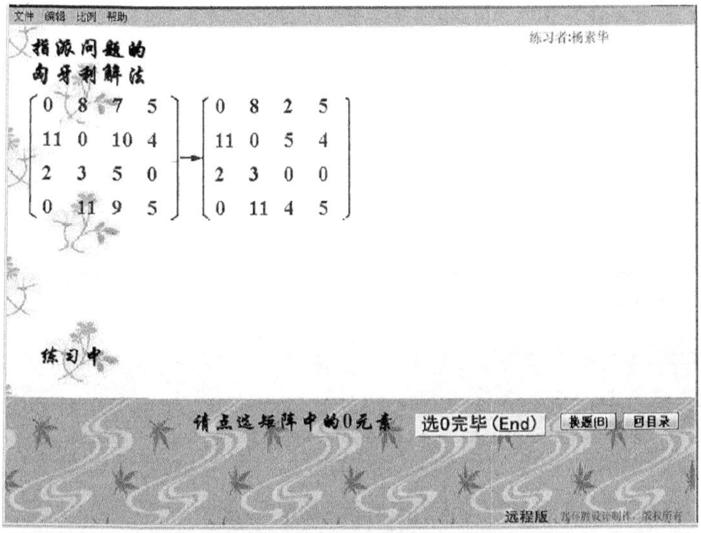


图 6-5　矩阵变换完成并开始选取 0 元素

在如图 6-5 的交互中，从只有一个 0 元素的行（列）开始对新矩阵点选 0 元素（直接点击 0 元素所在位置即可，选择的 0 元素加括号），如图 6-6 所示。

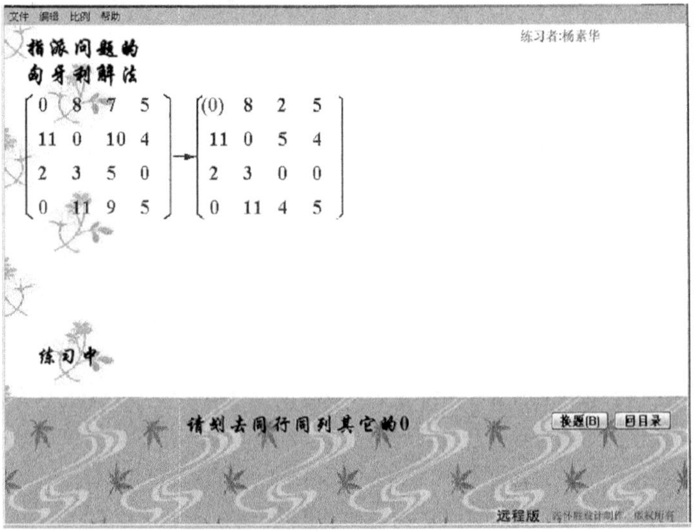


**图 6-6　选取第一个 0 元素**

然后划去同行同列的其他 0 元素，如图 6-7 所示。

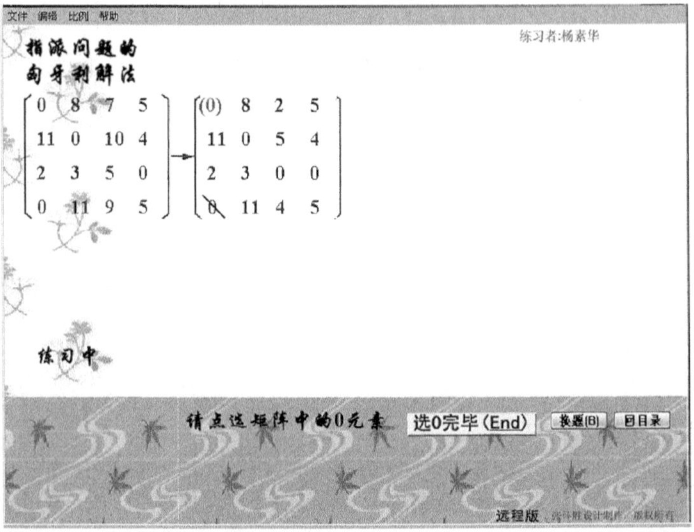


**图 6-7　划去同列其他 0 元素**

重复进行以上操作，直至所有的 0 元素都被点选和划掉，第一次选择 0 元素的结果如图6-8所示。

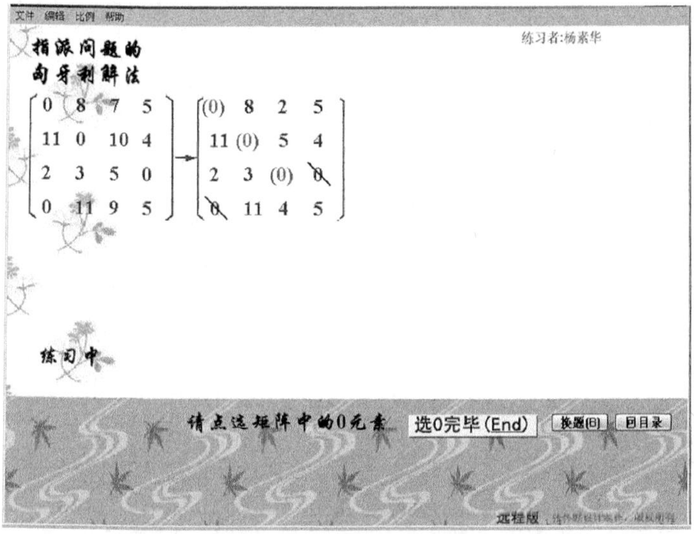


图6-8 完成选0及划0

当所有的0元素都被点选和划掉后,点击"选0完毕(End)",进行解的最优性判断,如图6-9所示。

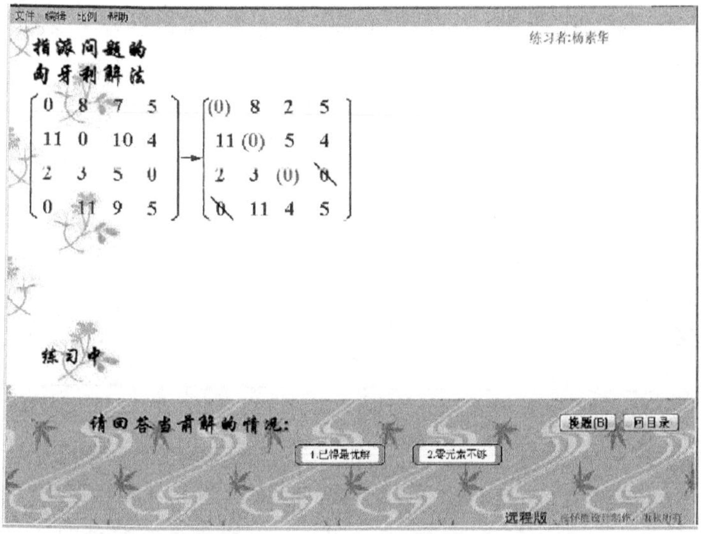


图6-9 判断是否最优解

在图6-9的交互中,判断当前解是否为最优解,若已经得到最优解,则点击

“1. 已得最优解”结束变换；否则，点击“2. 零元素不够”继续求解。本题中，点选的 0 元素只有 3 个，矩阵的阶数大于 3，所以需点击“2. 零元素不够”进入行列标号界面，如图 6-10 所示。

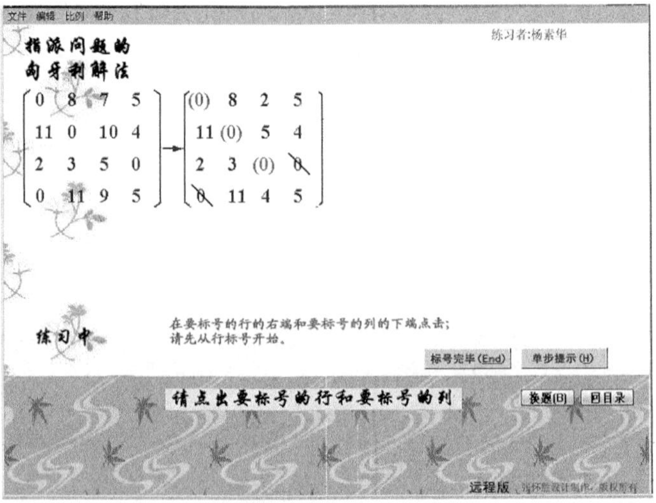


图 6-10　对行列标号

点出要标号的行和列，在要标号的行的右端和要标号的列的下端点击。先从行标号开始，本题中第四行不存在点选的 0 元素，所以在其右端点击进行标号，如图 6-11 所示。

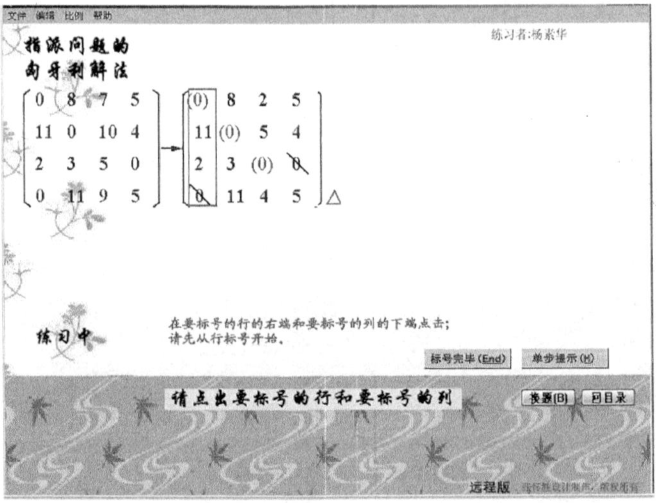


图 6-11　第一个标号

然后对已标号的行中所有含0元素的列进行行标号，本题当前标号行为第四行，此行的0元素在第一列，故在第一列的下端进行点击标号（如图6-11所示）。再对已标号的列中含点选0元素（有括号的0元素）的行进行行标号。重复操作直至得不到新的需要标号的行、列，然后点击“标号完毕（End）”，结果如图6-12所示。

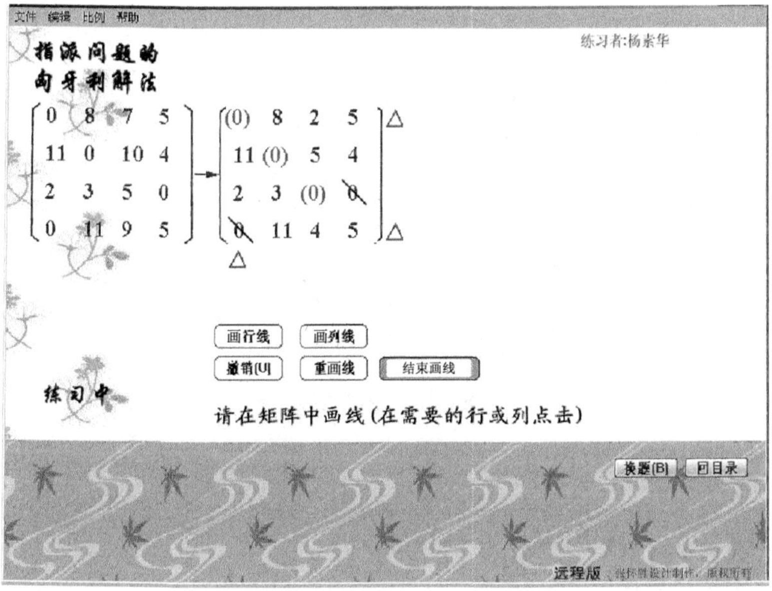


图6-12 结束标号，开始画线

在矩阵中画线（只要在需要画线的行或列点击即可），系统默认是画行线，当需要画列线时，先点击“画列线”，然后进行点击。画线规则是：没有标号的行画行线，有标号的列画列线，本题画线结果如图6-13所示。

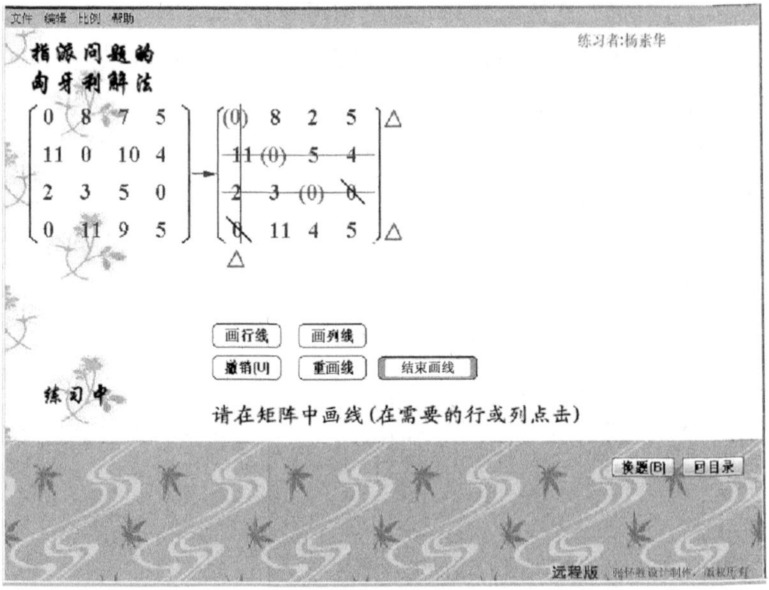


图 6-13　画线结果

画线结束后,点击“结束画线”,进行第二次矩阵变换(如图 6-14 所示)。

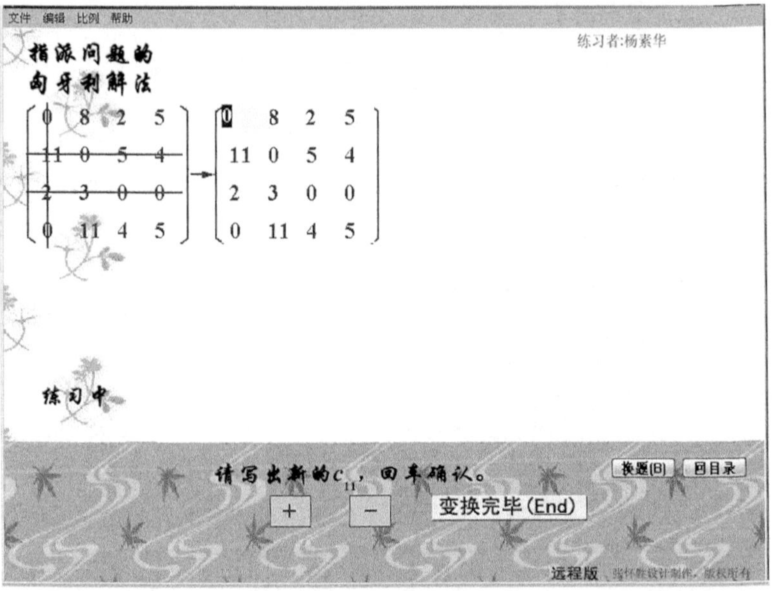


图 6-14　第二次矩阵变换

在没有被直线划去的部分中找出最小元素，然后在标号行各元素中减去该最小元素，而在标号列的各元素都加上该最小元素，这样得到新系数矩阵。本题中，未被直线覆盖的元素中的最小元素为“2”，所以将第一、第四行各元素均减去 2，将第一列的各元素均加上 2，这些操作在图 6-14 所示的第二个矩阵中直接点击修改并回车确认即可得到新效率矩阵，最后点击“变换完毕(End)”进行第二次选择 0 元素，如图 6-15 所示。

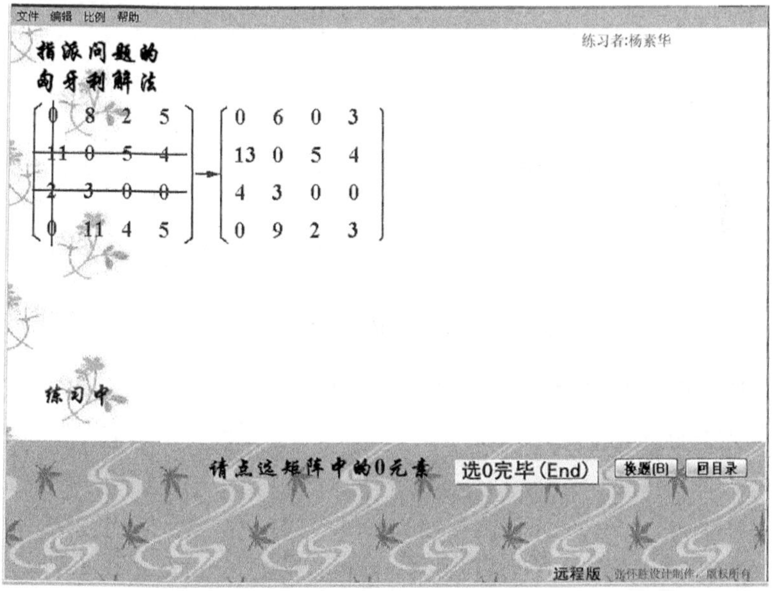


**图 6-15　第二次选择 0 元素**

在图 6-15 的交互中，按之前的方法点选矩阵中的 0 元素，最后点击“选 0 完毕(End)”便到了第二次解的最优性判断，如图 6-16 所示。

在图 6-16 所示的交互中，判断当前解是否为最优解，若已经是最优解，则点击“1. 已得最优解”结束变换；否则，点击“2. 零元素不够”继续求解。本题中，点选的 0 元素有 4 个，矩阵的阶数也是 4，所以点击“1. 已得最优解”结束变换，进入点出最优指派方案的操作界面，如图 6-17 所示。

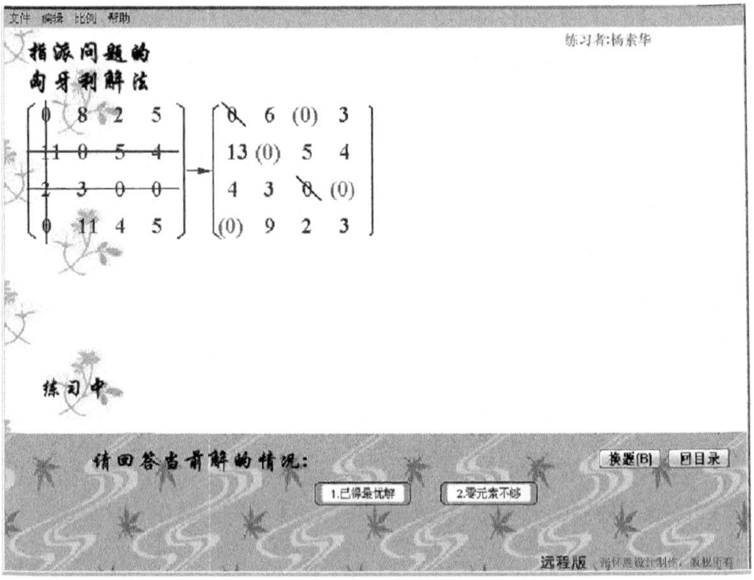


图 6-16　第二次解的最优性判断

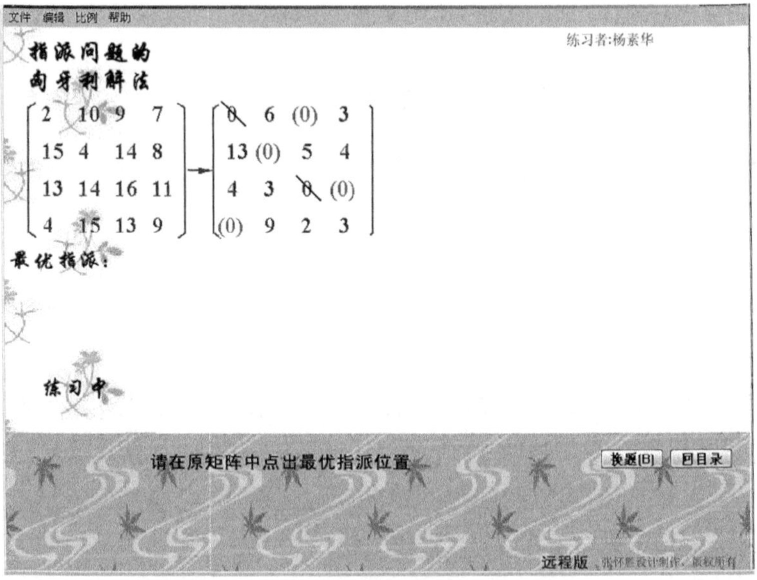


图 6-17　点出最优指派方案

在图 6-17 的交互中,根据选取的 0 元素位置(有括号的 0)分别在原矩阵中点出对应的最优指派位置,并且计算出最小总时间(可直接输入“28”,也可以输入算式“9 +4 +11 +4”),结果如图 6-18 所示。

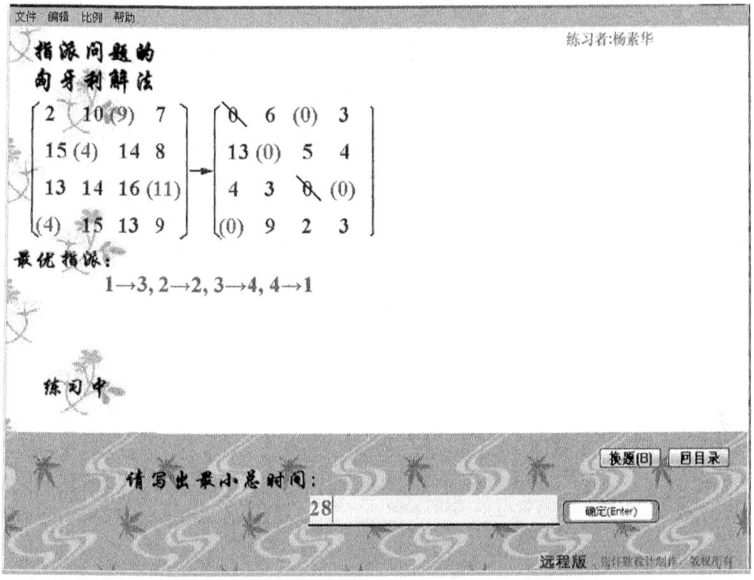


图 6-18　完成最优指派方案,写出最小总时间

在图 6-18 中点击“确定”结束做题,等待系统评分,如图 6-19 所示。

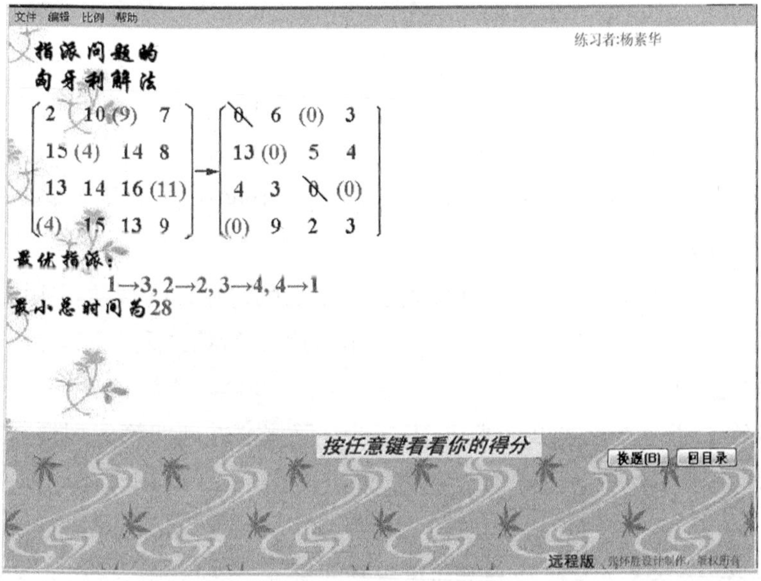


图 6-19　做题结束,等待评分

## 6.2　匈牙利解法的测验系统做题

在测验系统内容目录中点击“5、匈牙利解法”，系统便自动产生一道指派问题的题目并开始矩阵的行列变换，如图 6-20 所示。

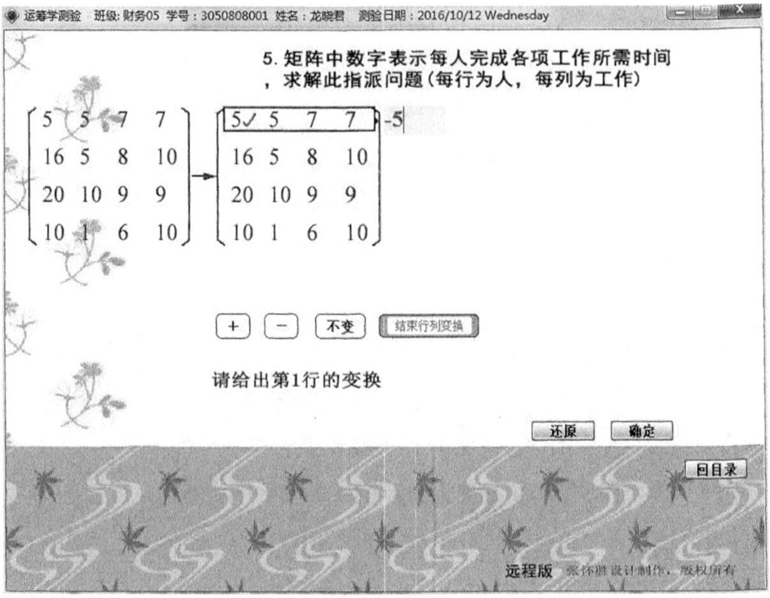


**图 6-20　效率矩阵第一行的变换**

如图 6-20，第一行的最小值为 5，故在第一行的右边输入“－5”，系统便将第一行所有元素均减去 5。依此下去，每行均减去该行的最小值，然后每列减去每列的最小值，使得每行每列都出现 0 元素，结束列变换后，进入选择 0 元素的界面，见图 6-21。

选 0 元素的规则见《运筹学基础教程》（第三版，中国科技大学出版社）或本书 6.1 节。在图 6-21 的交互中，变换后矩阵的第二行第二列有唯一的 0 元素，故先选取此 0 元素。

选好第二行第二列的 0 元素后，发现此 0 元素所在列即第二列还有其他两个 0 元素，按选 0 规则，应划去这两个 0 元素，如图 6-22 所示。如此下去，寻找只有一个 0 元素的行。本题中，除第二行只有一个 0 元素外，其他行要么不止一个 0 元素，要么 0 元素已被划去而没有 0 元素，故转向列中寻找。

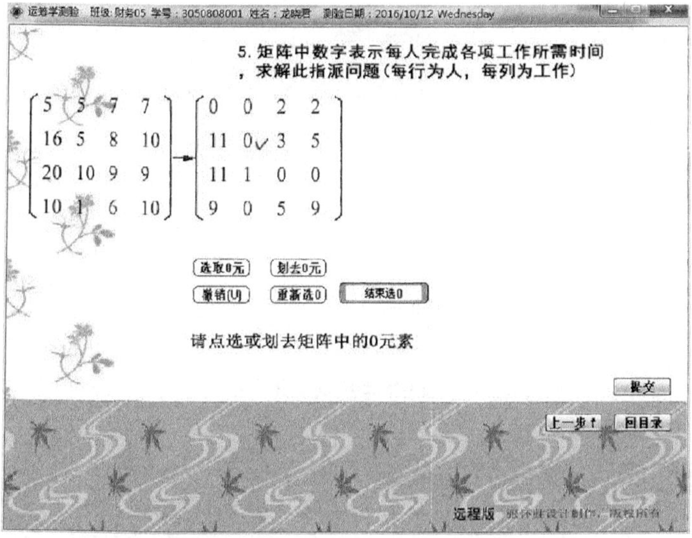


**图 6-21　完成矩阵变换，开始选取 0 元素**

从第一列开始，寻找只有一个 0 元素的列，发现第一列、第三列和第四列都是只有一个 0 元素，但第三列的 0 元素与第四列的 0 元素位于同一行，故可选取第一列的 0，第三列与第四列的 0 只能任选一个，另一个 0 应划去，这里选第三列的 0，如图 6-23 所示。

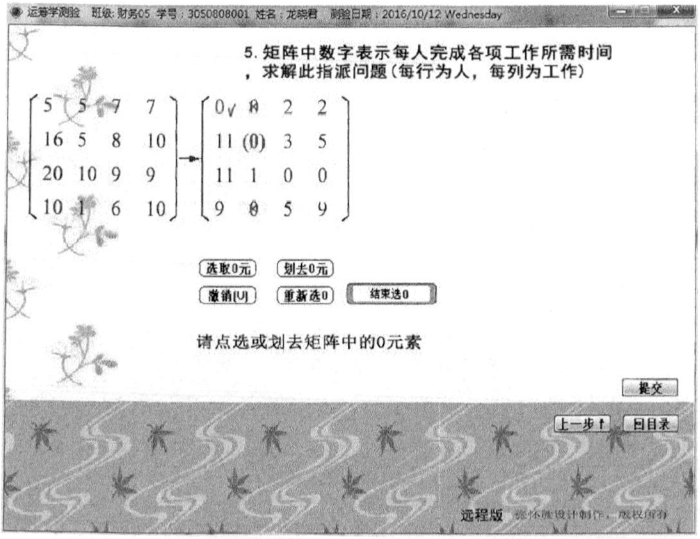


**图 6-22　选取第一个 0 元素并划去同行同列的其他 0 元素**

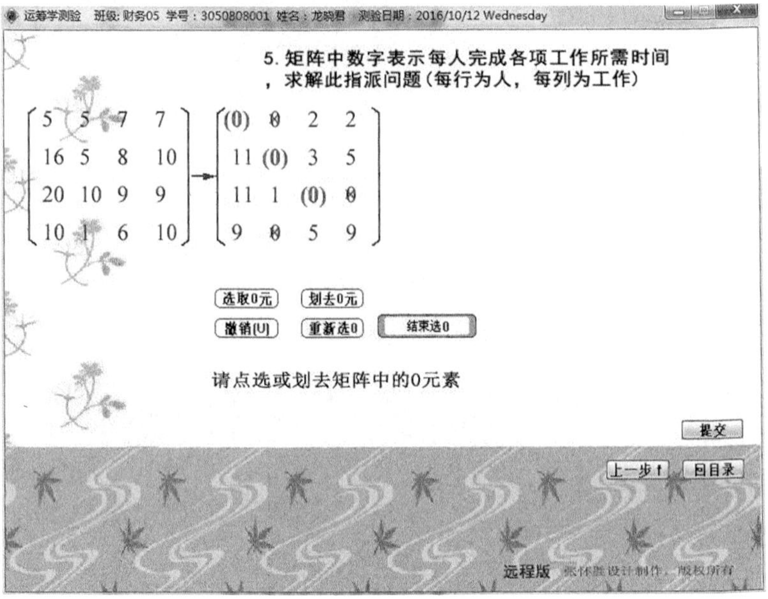


图 6-23　选取 0 元素

至此,所有的 0 元素要么被选要么被划去,已选不到更多的 0 元素,故点击“结束选 0”,进入解的最优性判断的操作界面,如图 6-24 所示。

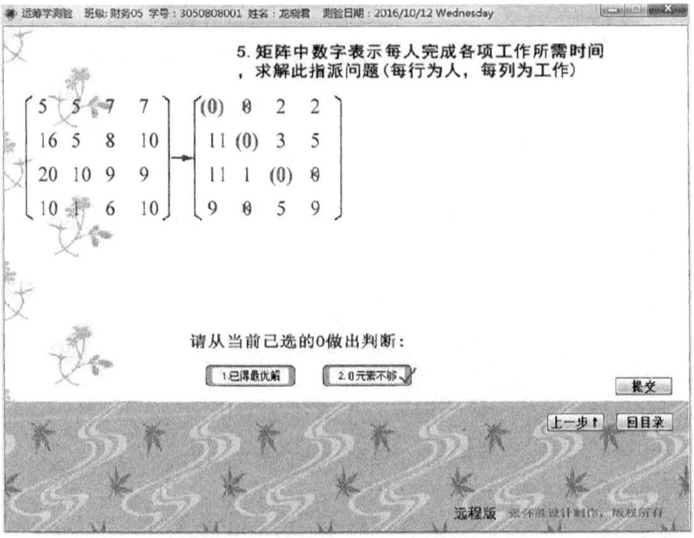


图 6-24　判断解的最优性

在图 6-24 中，由于只选到三个 0 元素，而矩阵的阶数大于 4，故此时点击“2.0 元素不够”按钮，进入画覆盖线的操作界面，如图 6-25 所示。

在图 6-25 的交互中，以最少的直线（水平线和竖直线）覆盖所有 0 元素（包括被选和被划去的 0 元素），因此应优先对 0 元素最多的行和列画线，按此原则，可得到三条画线，这正好等于已选的独立的 0 元素的数目。

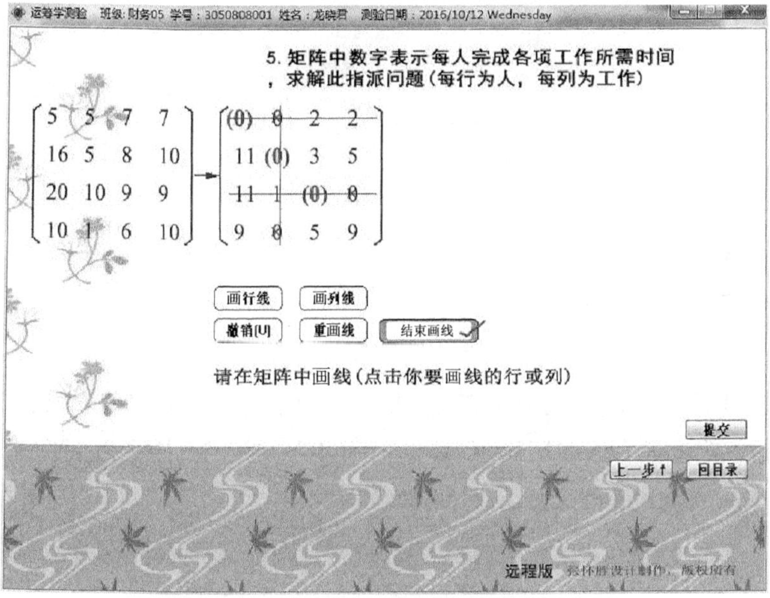


图 6-25　画覆盖 0 元素的线

由于所有 0 元素已被三条直线覆盖，故点击“结束画线”。然后进行第二次矩阵变换，如图 6-26 所示。

在图 6-26 所示的第二次矩阵变换中，未被直线覆盖的元素为 11，3，5，9，5，9，其中最小元素为 3，故将所有未覆盖的元素减去 3，被两条线覆盖的元素加 3，其他元素（单条线覆盖的元素）不变，结果见图 6-26 最右边的矩阵，变换结束后点击“结束矩阵变换”。接下来进行第二次选取 0 元素的操作，如图 6-27 所示。

选 0 元素的规则是：先在只有一个 0 的行或列中选取 0 元素，并划去已选 0 同行和同列的其他 0 元素，若每行每列的 0 元素均至少有两个，则在 0 元素最少的行或 0 元素最少的列任选一个 0 元素，并划去同行同列其他的 0 元素。

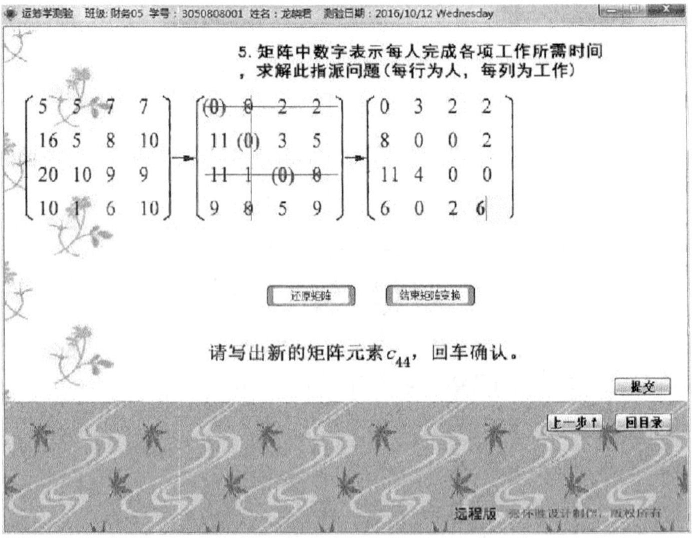


**图 6-26　第二次矩阵变换**

按选 0 元素的规则，在图 6-27 选取 0 元素的交互中，选择 4 个独立的 0 元素，见图 6-27 中最右端的矩阵，点击“结束选 0”。接下来进行图 6-28 所示的第二次解的最优性判断的交互。

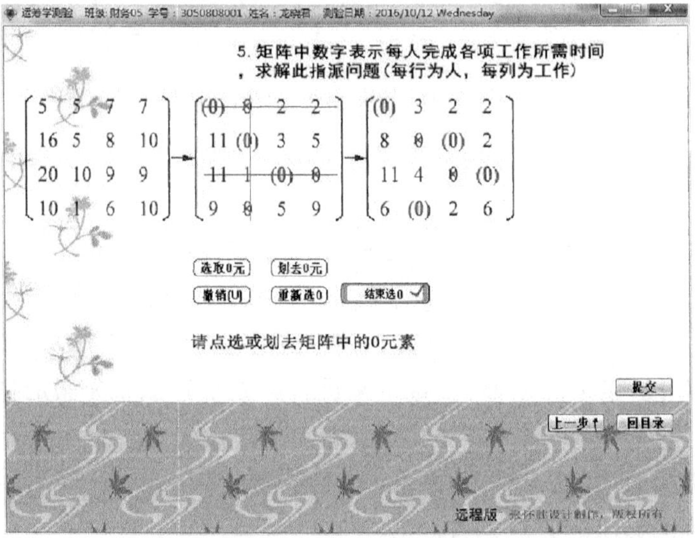


**图 6-27　第二次选取 0 元素**

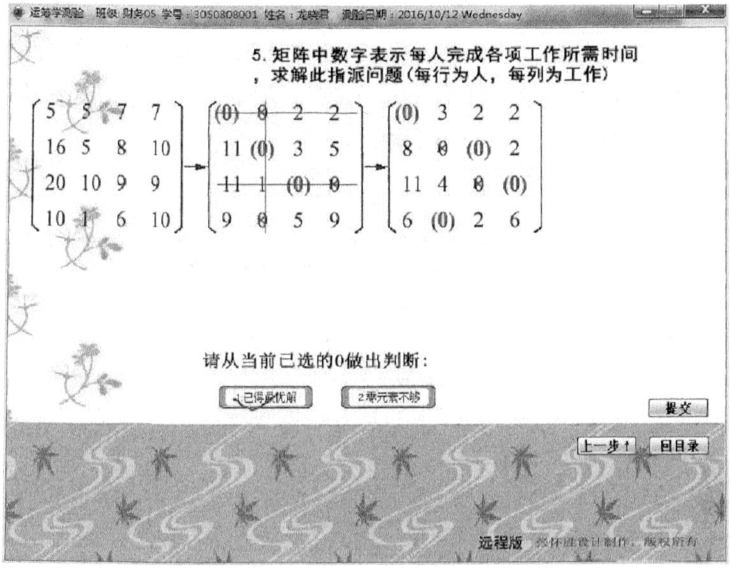


图 6-28　第二次解的最优性判断

在图 6-28 的交互中，由于已经选到了四个不同行不同列的 0 元素，故点击“1. 已得最优解”，进入填写最优指派方案的操作界面，如图 6-29 所示。

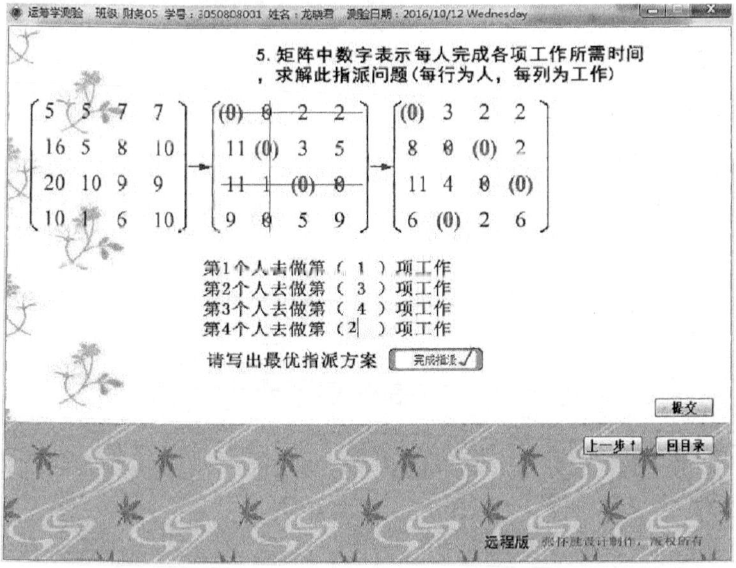


图 6-29　填写最优指派方案

在图 6-29 的交互中，由已选 0 的位置，得到最优指派方案为：第一个人去做第 1 项工作，第二个人去做第 3 项工作，第三个人去做第 4 项工作，第四个人去做第 2 项工作，填写中注意只能输入半角阿拉伯数字。填好指派方案后，点击“完成指派”，进入计算最小总时间的操作界面，如图 6-30 所示。

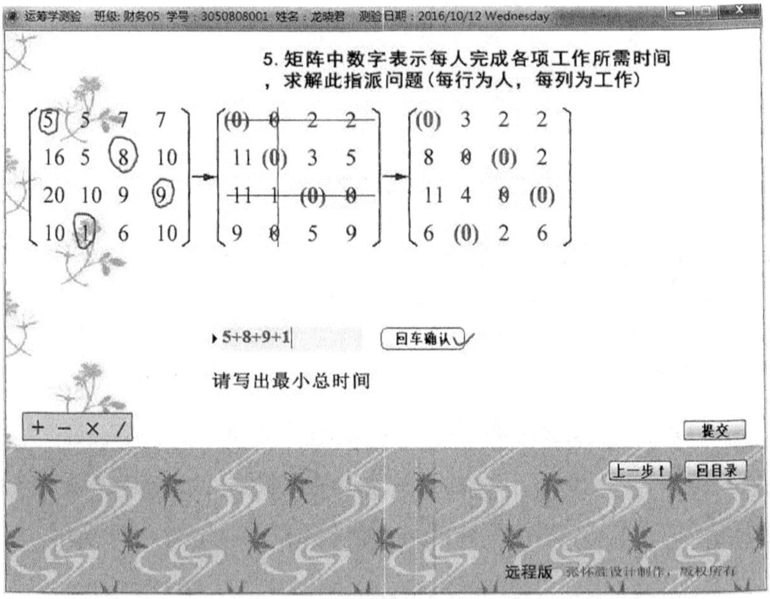


图 6-30 计算最小总时间

在图 6-30 的交互中，根据选 0 元素的位置，取原始矩阵中对应位置的数字相加，填写好最小总时间或最小总时间的算式，按回车键或点击“回车确认”按钮，结束做题，系统显示做题者的做题结果，等待确认提交，如图 6-31 所示。

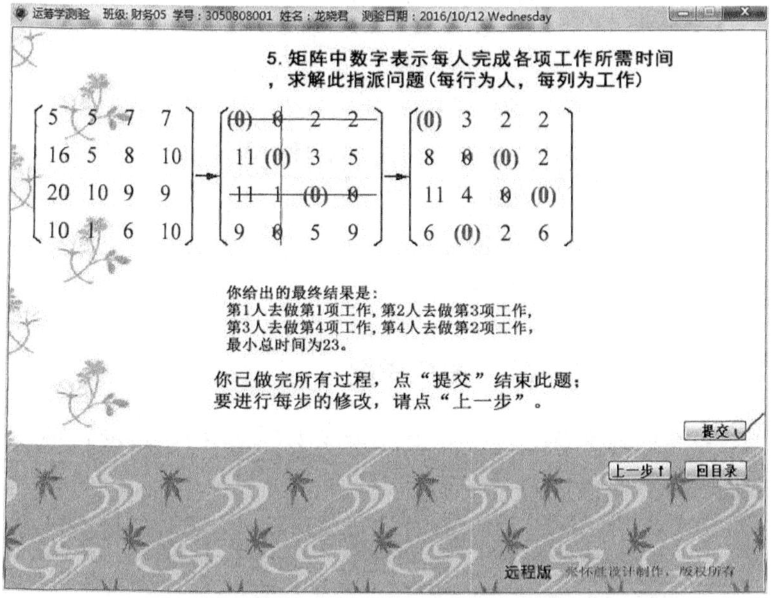


图 6-31　显示做题者的做题结果，等待确认提交

如果对图 6-31 显示的做题结果不放心，可以点击"上一步"逐步检查，确认无误后，再点击"提交"按钮，上传做题记录及结果。

# 第 7 章　最小生成树

## 7.1　最小生成树的练习系统做题

在练习系统内容目录中点击“6、最小生成树”(如图 7-1 所示),进入创建题目或读取题目的界面,如图 7-2 所示。

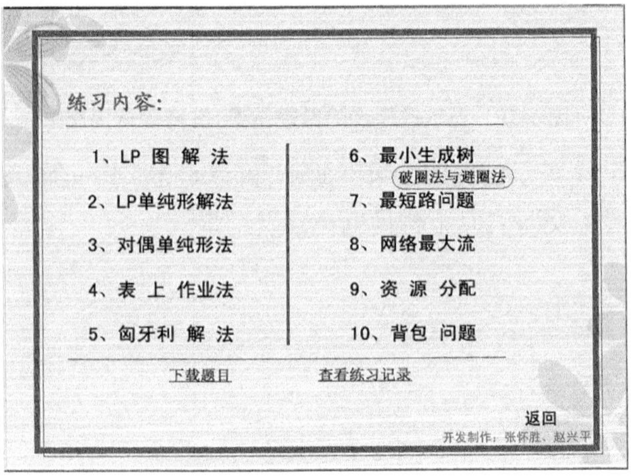


图 7-1　练习系统内容目录

与图形相关的题目的创建需先作图。如图 7-2 所示,在作图区中可以画一个连通图,然后点击“画图完毕”,在每条边旁输入数据,即可创建一个题目。作图时用鼠标拉出线段即可。另外,系统提供了删除、画线、恢复、撤销 4 个按钮可供操作,也可把磁盘中已下载或保存的题目读入作图区,这里用作图方法得到一个题目,如图 7-3 所示。

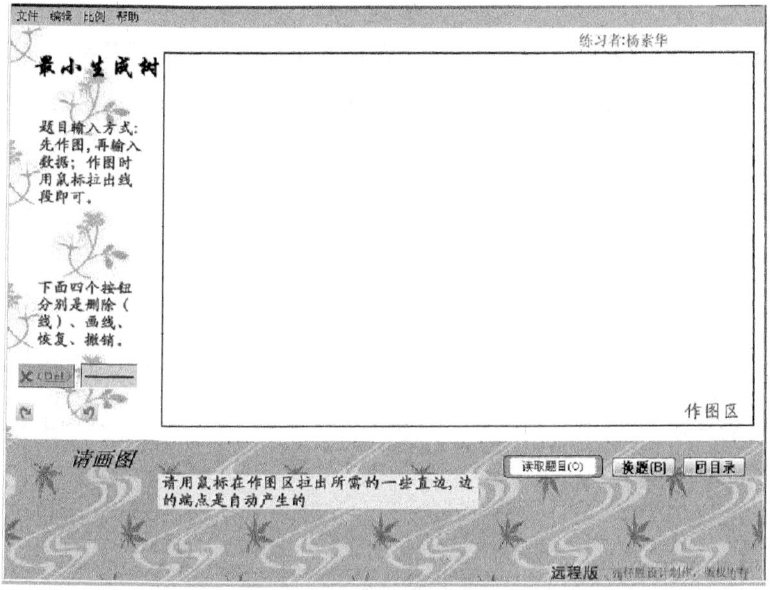


图 7-2　创建或读取题目

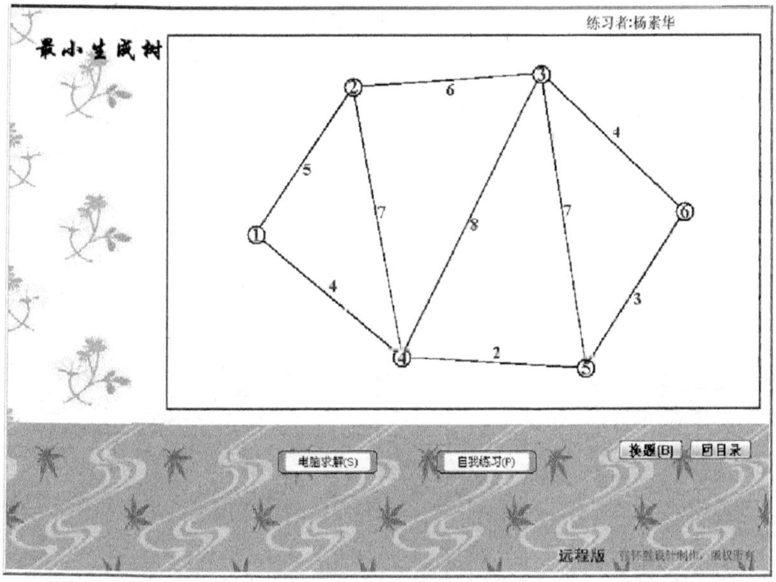


图 7-3　得到题目

输入题目完毕或读取题目完成后,若不知道如何求解,可以点击“电脑求解”进行演示;否则,点击“自我练习”按钮,进入交互练习。

对于求解最小生成树,这里有两种方法供选择练习,即破圈法和避圈法,如图7-4所示。以破圈法为例,点击“1.破圈法”,进行选圈操作,如图7-5所示。

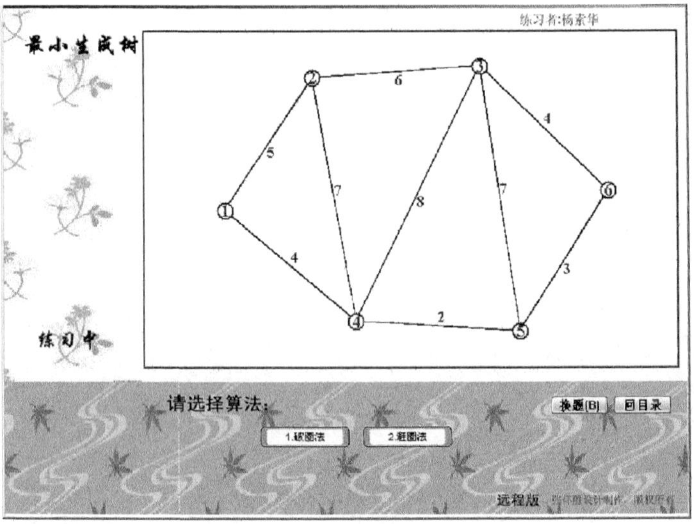


图7-4　选择做题方法

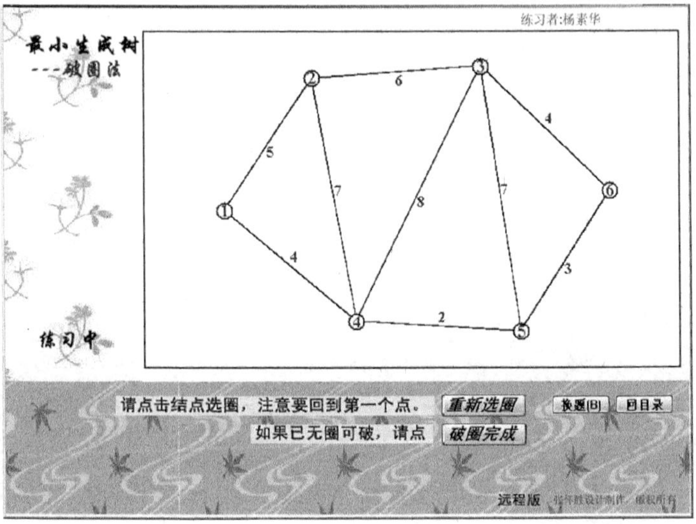


图7-5　选圈

依次点击结点选圈(注意要回到第一个点),如果图中不存在构成圈的结点序列，则点击“破圈完成”进入下一步；否则，进行选圈操作，如依次点击结点①，②，④，①，则这三个结点构成一个圈，用{①，②，④，①}表示，如图7-6所示。

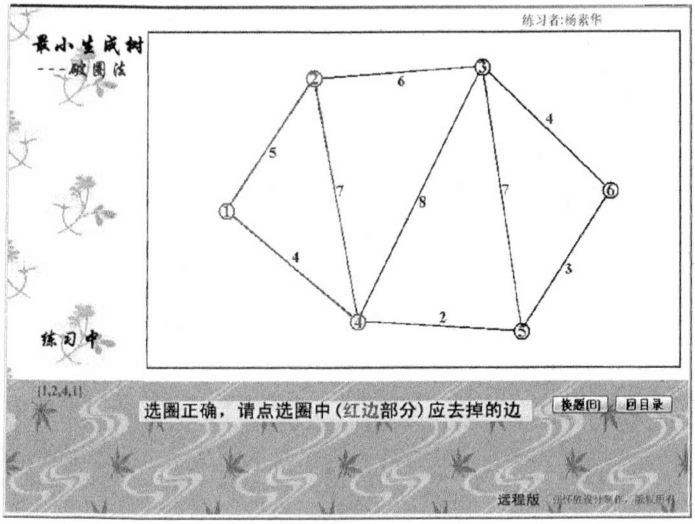


图7-6　选择一个圈

提示选圈正确后点选图中应去掉的边，在圈{①，②，④，①}中去掉权值最大的边，即边[②，④]，去掉此边后的连通图如图7-7所示。

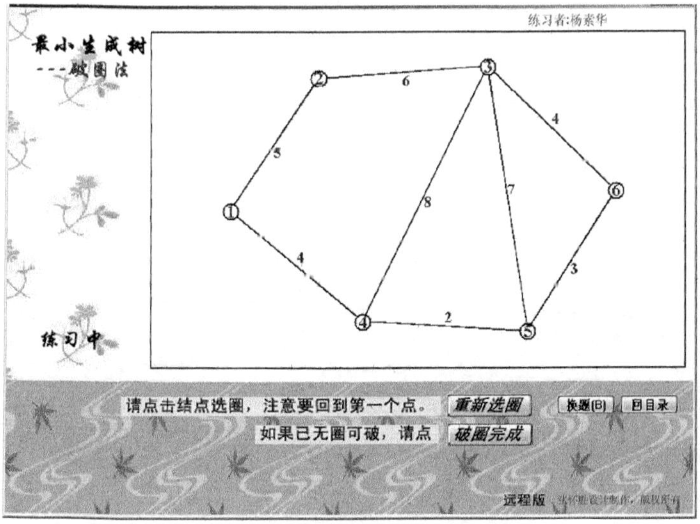


图7-7　去了一条边后的连通图

去掉边[②，④]后，观察图中是否存在构成圈的结点序列，若不存在，则点击“破圈完成”进入下一步；否则，重复进行选圈和去边操作，直至图中无圈可破，最终得到无圈的连通图，如图 7-8 所示。

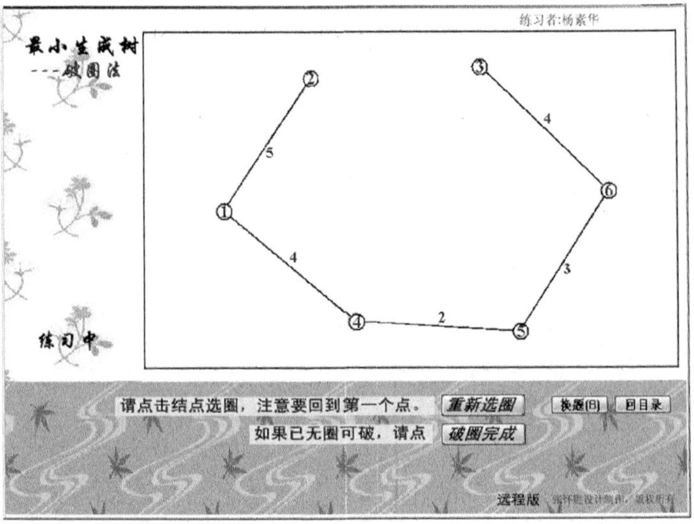


图 7-8　破圈完成

从图 7-8 看到，图中已经无圈可破，即已得到最小生成树，点击“破圈完成”进入计算最小树总权（长）的操作，如图 7-9 所示。

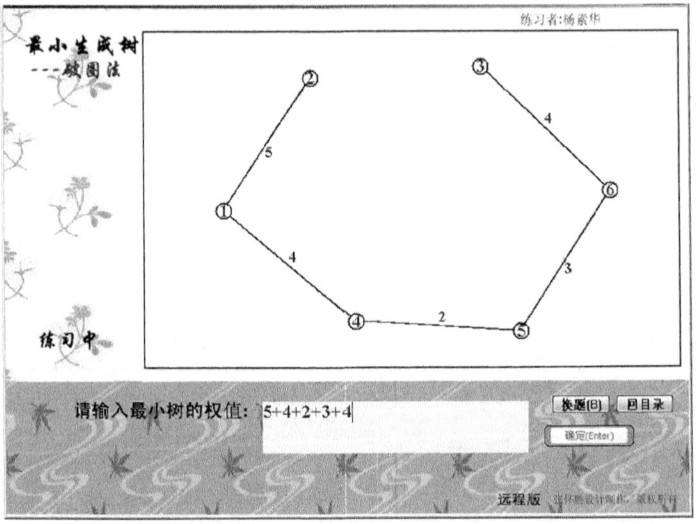


图 7-9　计算最小树总权

得到最小生成树后计算其权值，即计算各边长度的总和。此题各边长之和为 18，可直接输入数值也可以输入算式，点击“确定”结束做题，等待评分，如图 7-10 所示。

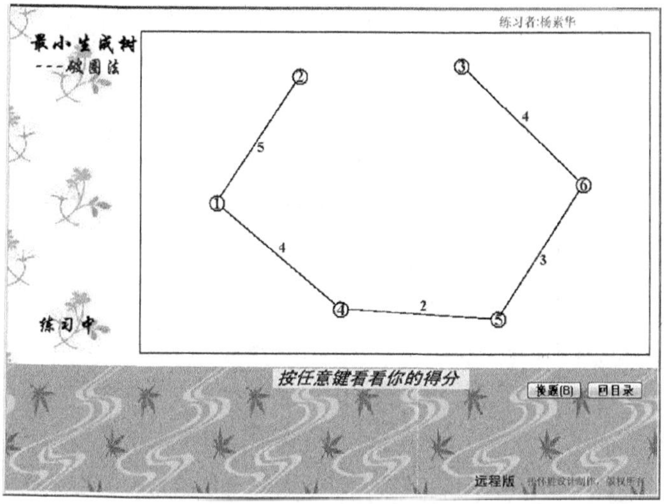


图 7-10　做题结束，等待评分

## 7.2　练习系统中用“避圈法”求最小生成树

在图 7-4 所示的选择最小树做题方法中点击“2. 避圈法”后，开始选边的操作，如图 7-11 所示。

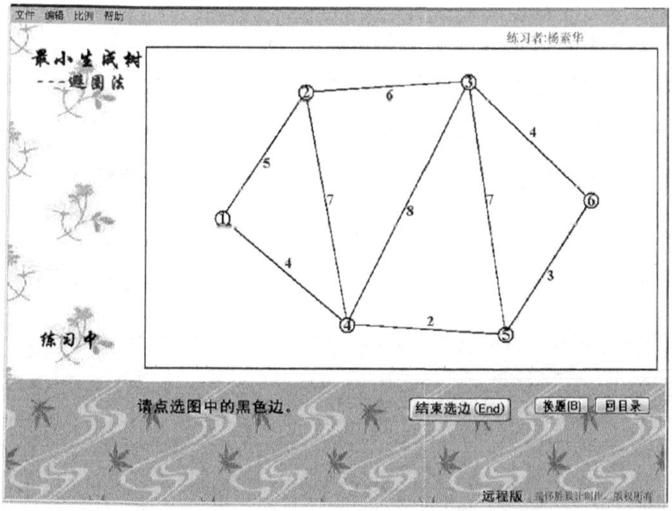


图 7-11　选边

在图 7-11 所示的选边的操作中，点选图中的黑色边（即未选边），按照权值从小到大的顺序依次点击未选边，同时注意已选边不能构成圈。本题中依次点击边[④,⑤]，[⑤,⑥]，[③,⑥]，[①,④]，[①,②]，选中的边为红色边，选边结果如图 7-12 所示。

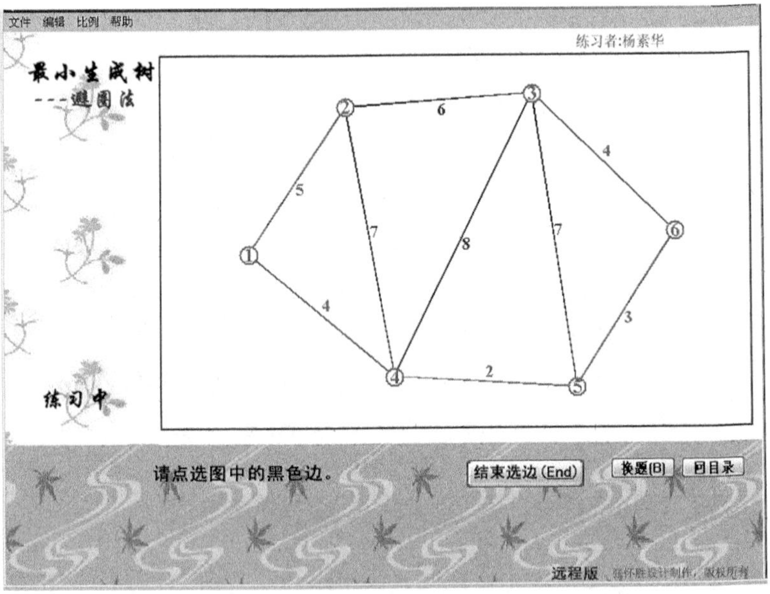


**图 7-12　选边结果**

从图 7-12 看出，此时已经无边可选，即已得到最小生成树。点击"结束选边(End)"，系统保留已选边（红色边），擦去未选边（黑色边），即得到最小树，并进行开始计算最小树总权的操作，如图 7-13 所示。

与破圈法相同，在图 7-13 所示的计算最小树总权的操作中，输入最小树的权值或算式，点击"确定(Enter)"结束做题。

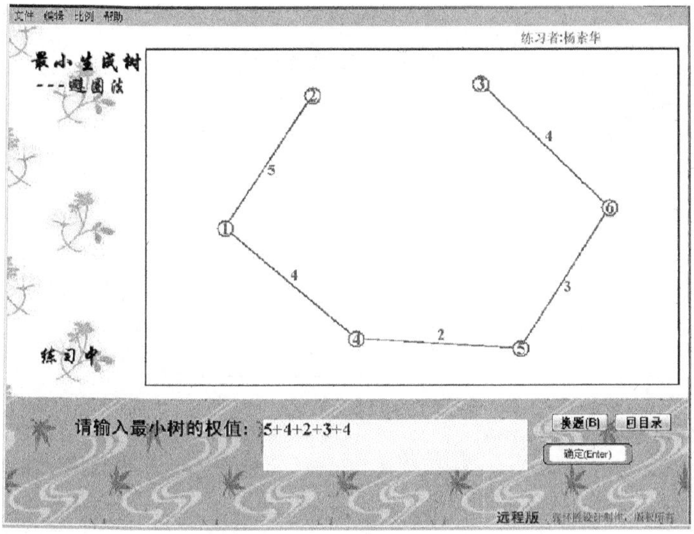


图 7-13　计算最小树总权(长)

## 7.3　最小生成树的测验系统做题

在测验系统内容目录中点击“6、最小生成树”,系统便自动产生一个求最小树的题目并等待做题者选择做题方法,如图 7-14 所示。

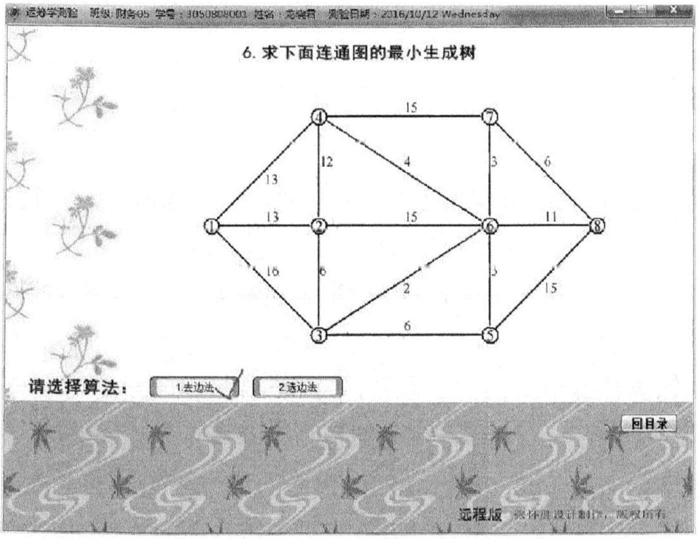


图 7-14　选择求最小树的算法

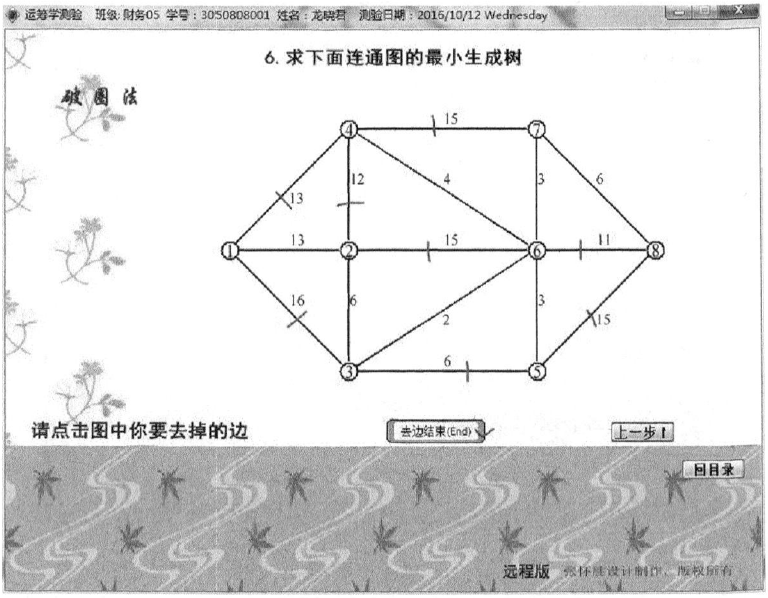


图 7-15　破圈去边过程

在图 7-14 所示的选择算法的交互中,有两个选项,其中去边法就是破圈法,选边法就是避圈法,这里选择去边法,进入破圈去边过程,如图 7-15 所示。做题时不需要把圈描出来,只要自己看到一个圈并找到此圈中的最大边,即可点击最大边去掉。依此下去,便在所有圈中去掉了最大边(每点一边,此边便消失),完成后点击“去边结束(End)”,便得到最小树并要求输入最小树总权的操作,如图 7-16 所示。

在图 7-16 的交互中,将保留下来的各边的权(长)相加,得到 37,输入“37”,然后点击“确定”按钮,系统便显示做题者的做题结果,等待提交。如图 7-17 所示,点击“提交”,系统便将做题者的做题记录和结果上传到服务器,并出现对话框显示“你此题的成绩已被保存”。然后点击“回目录”,即可进入测验系统内容目录。在内容目录中点击查看测验成绩,便能看到刚才所做题目的记录和成绩。

测验系统的选边法的交互过程类似于 7.2 节练习系统中最小生成树的避圈法做题过程,不断点选未选边中的最小边,且注意已选边之间不能形成圈,若原连通图有 $n$ 个结点,则选到 $n-1$ 条边结束。这里不再赘述。

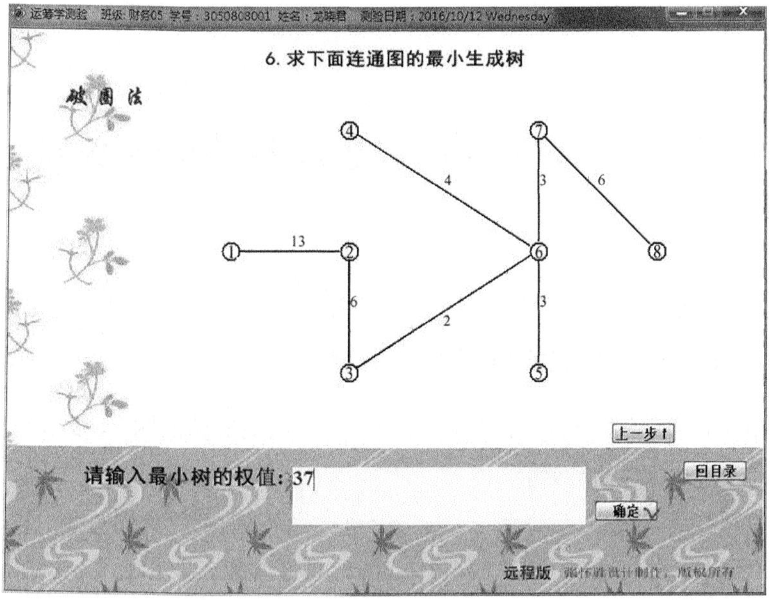


图 7-16　输入最小树的总权

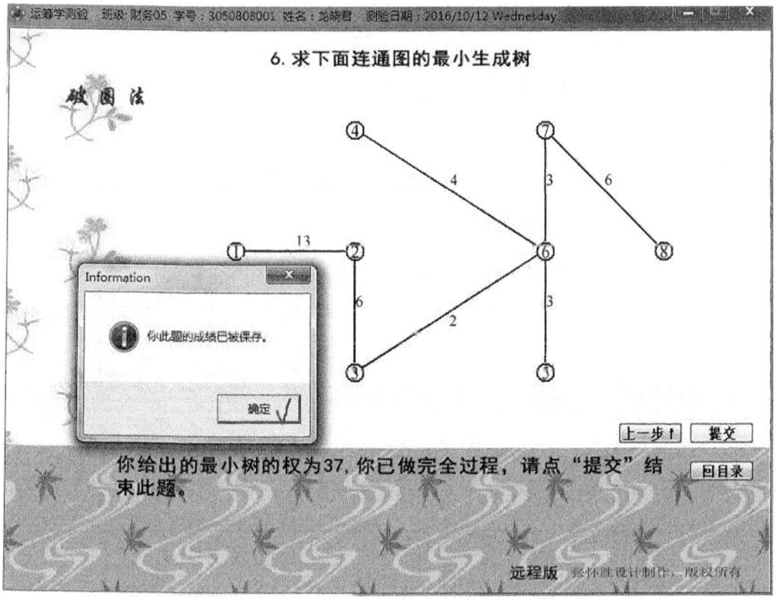


图 7-17　提交保存做题记录与成绩

# 第 8 章　最短路问题的 Dijkstra 算法

## 8.1　Dijkstra 算法的练习系统做题

在图 8-1 所示的练习系统内容目录中点击“7、最短路问题”，便出现选择图的类型的交互，如图 8-2 所示。

这里选择有向图进行演示，点击“2. 有向图”，开始创建题目或读取题目，如图 8-3 所示。

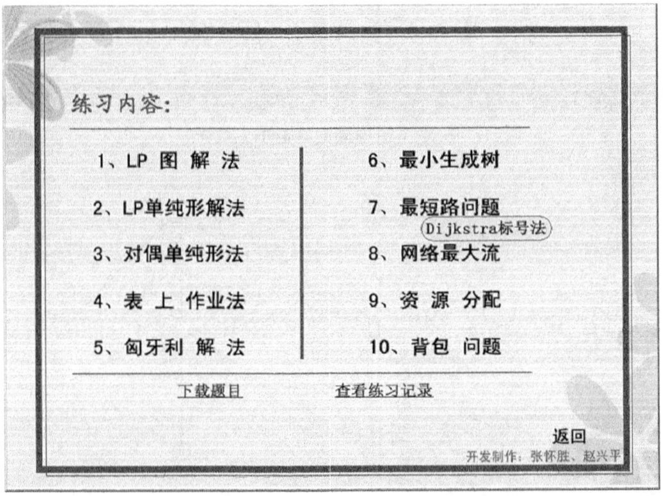


图 8-1　练习系统内容目录

图 8-2　选择图的类型

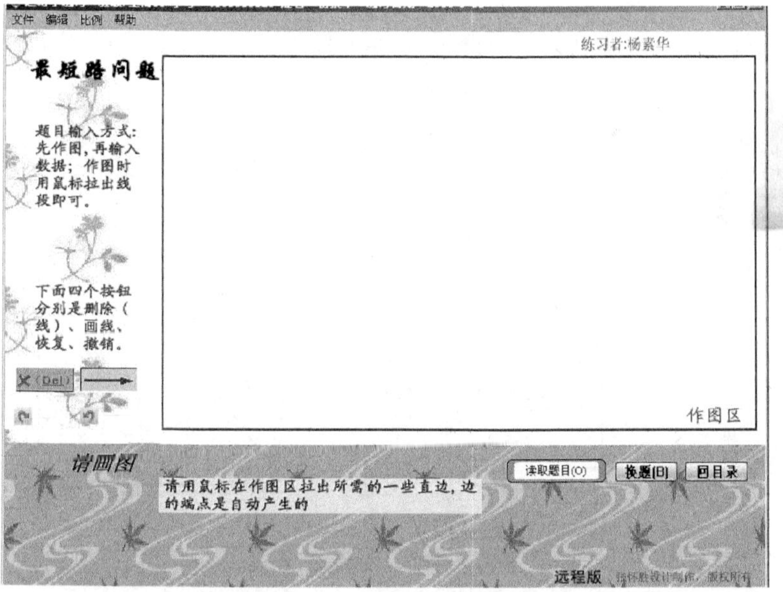


图 8-3　读取或创建题目

输入题目时先在作图区中作图，作图完毕后再输入数据。作图时用鼠标拉出线段即可。另外，系统提供了删除、画线、恢复、撤销 4 个按钮可供操作，也可把磁盘中已下载或保存的题目读入作图区,如图 8-4 所示。

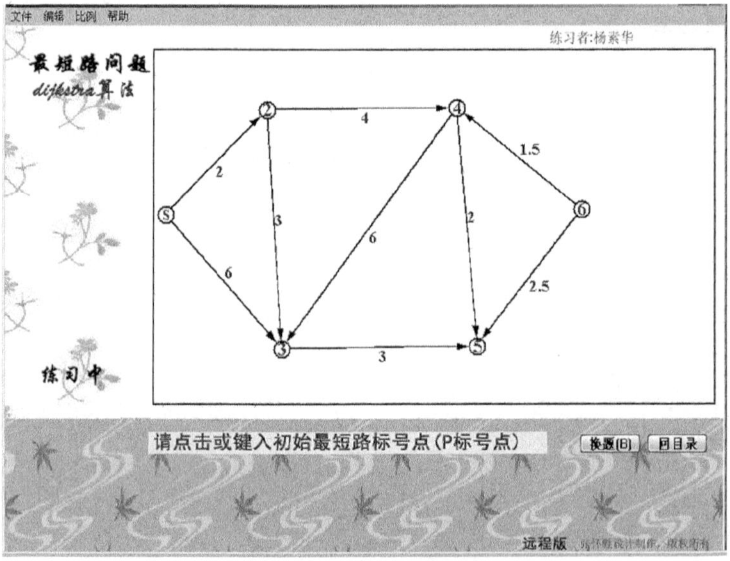


**图 8-4　得到一个题目**

获取题目后,点击初始最短路标号点(P 标号点),应从起点Ⓢ开始,点击点Ⓢ后得到点Ⓢ的 P 标号,如图 8-5 所示。

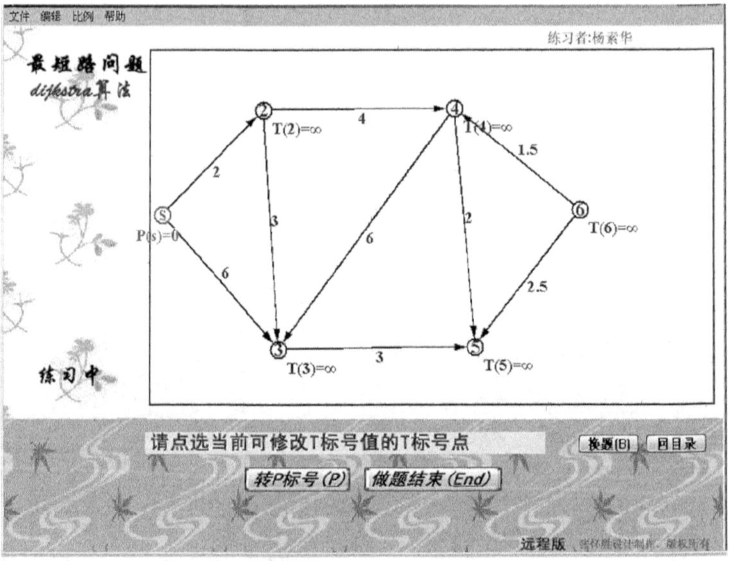


**图 8-5　第一个 P 标号**

在图 8-7 的交互中，观察到图中已经不存在可修改 T 标号值的 T 标号，并且不存在可变为 P 标号的点，即已得到点Ⓢ到达各点的最短路径（点Ⓢ不存在到达点⑥的路径），所以点击“做题结束(End)”，等待系统评分，如图 8-9 所示。

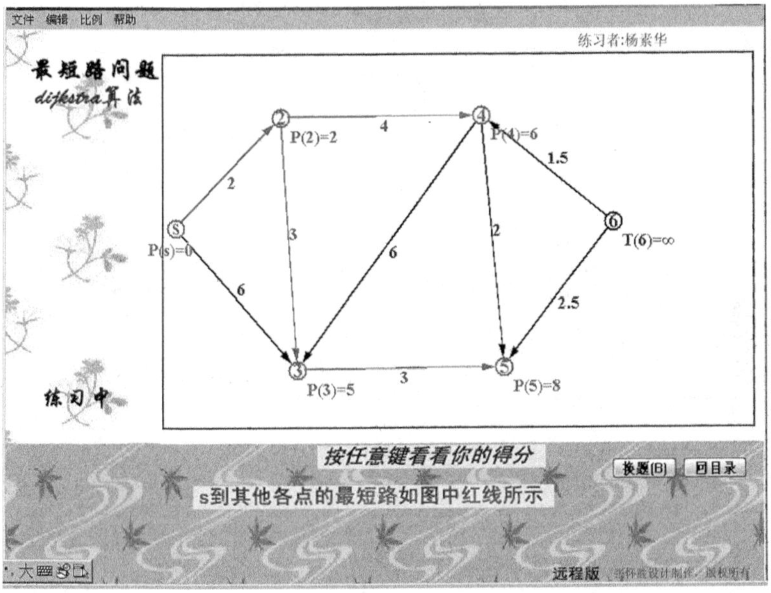


图 8-9　等待评分

在做题过程中若忘记 Dijkstra 算法，则可使用快捷键“Ctrl + p”，系统会出现其算法提示界面。

## 8.2　Dijkstra 算法的测验系统做题

在测验系统内容目录中点击“7、最短路问题”，系统便自动生成一道用 Dijkstra 算法做题的题目，如图 8-10 所示。

在图 8-10 所示的交互中，应从起点Ⓢ开始做 P 标号。点击结点Ⓢ，便可以进行结点Ⓢ的标号类型选择的交互。

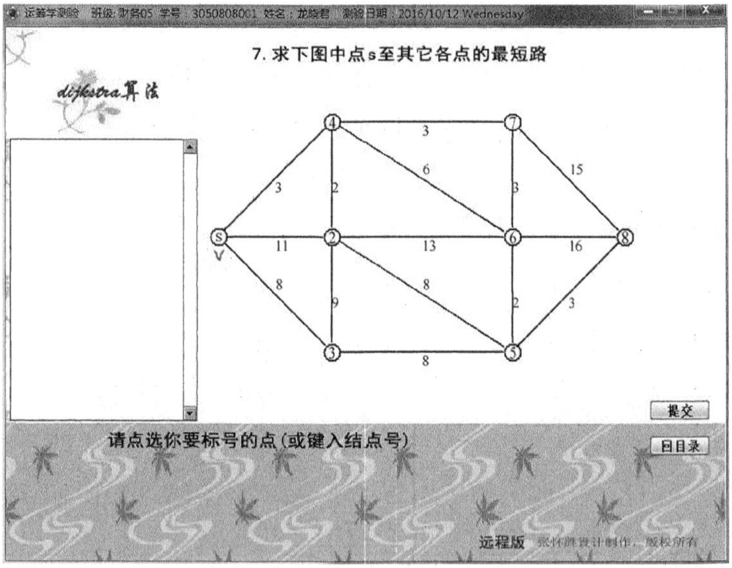


**图 8-10　生成题目,开始做题**

在图 8-11 所示的交互中,Ⓢ为起点,应为 P 标号,其值为 0,点击“成为 P 标号(P)”,进行选择其他结点继续标号的交互。

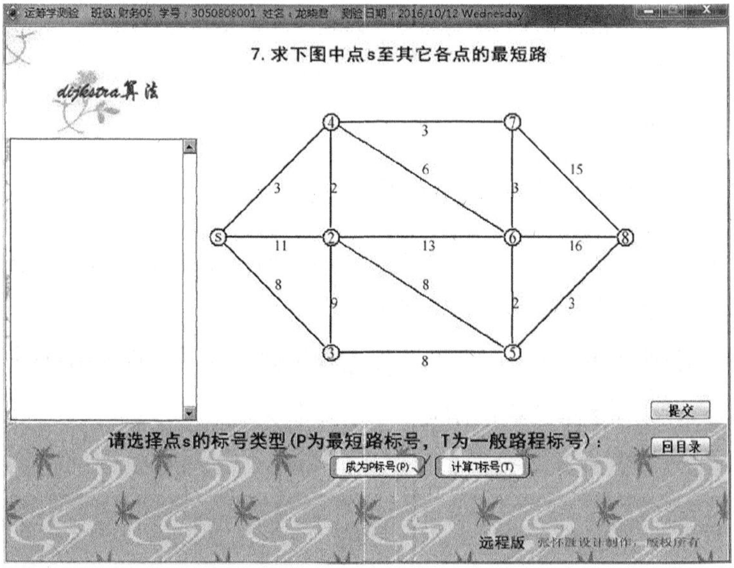


**图 8-11　判断起点的标号类型**

在图 8-12 所示的交互中，由于点Ⓢ刚成为 P 标号点，故检查点Ⓢ能一条边直接到达的未做 P 标号的点，可以看到，点Ⓢ经一条边能直接到达的结点为④，②，③，均应对这三个点做 T 标号或修改 T 标号值。这里先点击结点④，对结点④标号的类型进行判断。

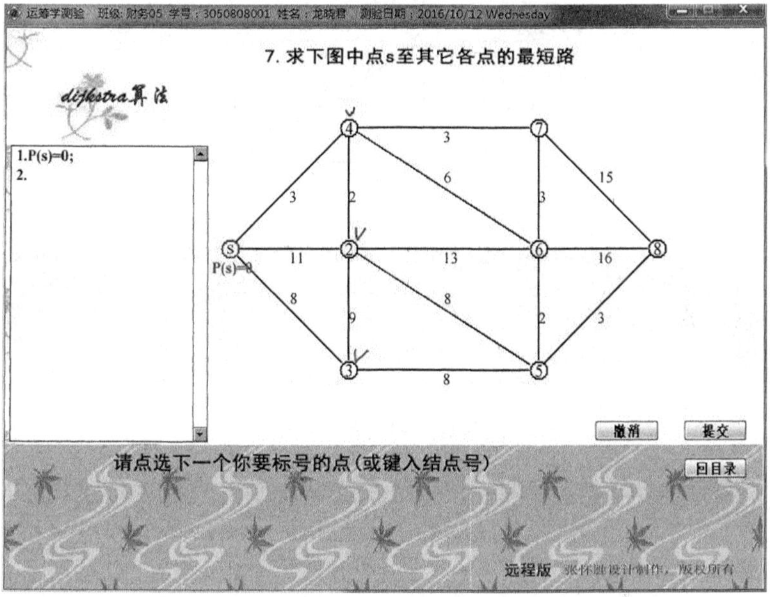


图 8-12　继续标号

如图 8-13 所示，由于点④目前未做过标号，故点选“计算 T 标号(T)”，进行图 8-14 所示的输入点④的 T 标号值的操作。

每个结点的 T 标号值按如下公式进行计算

$$T(\textcircled{j}) = \min[T(\textcircled{j}), P(\textcircled{i}) + d_{ij}]$$

式中，$\textcircled{j}$为当前到达的结点编号，“=”右边括号中的 $T(\textcircled{j})$ 为当前点之前的 T 标号值(初值取为 +∞)，$P(\textcircled{i})$ 为刚刚变成 P 标号点$\textcircled{i}$的 P 标号值，$d_{ij}$为点$\textcircled{i}$到点$\textcircled{j}$的边的长度。

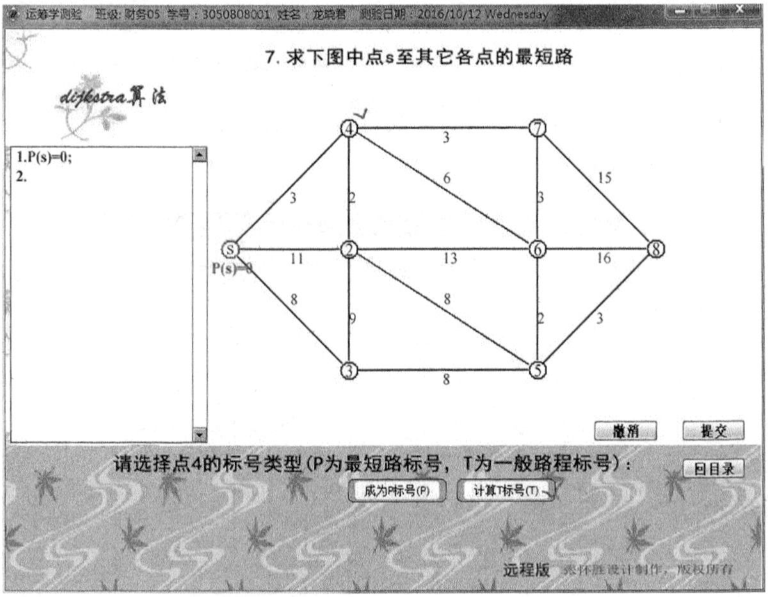


图 8-13　判断标号类型

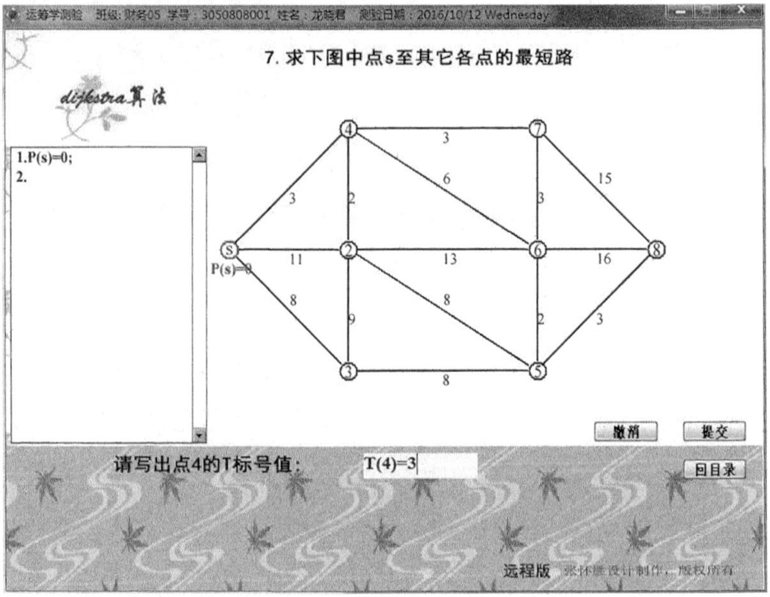


图 8-14　计算 *T* 标号

在图 8-14 所示的操作中，点④的 T 标号值按公式计算结果为③，故输入

“3”，也可输入算式。输入 T 标号值后按回车键，然后将点Ⓢ能直接到达的另外两个点即点②和点③均按公式计算出 T 标号值并填到图 8-15 相应位置。由于 P 标号点Ⓢ一条边能直接到达的结点的 T 标号值均已填写完毕，故此时应选出一个 P 标号点。P 标号点的选取规则是：取当前所有 T 标号值中最小的 T 标号点作为新的 P 标号点。可以看出，此题当前 $T(④) = 3$ 为最小，故点击结点④，然后在图 8-16 的交互中点击“成为 P 标号”完成第二个 P 标号。

在接下来的图 8-17 的交互中，需要指出，刚获取 P 标号的点④的紧前来源点，显然 $P(④) = 3$ 来自于点Ⓢ，故点选结点Ⓢ或键入“$S$”，则点Ⓢ到点④的边被描成红色，表明点④的紧前来源点为点Ⓢ。

在图 8-18 所示的交互中可以看出，新的 P 标号点④经由一条边能到达的 T 标号点分别为结点⑦，⑥，②，故分别点击这三个结点，然后按 T 标号值的计算公式修改它们的 T 标号值，再选出具有最小 T 标号值的结点使其成为 P 标号，如此反复推进，直至所有的结点均成为 P 标号。如图 8-19 所示，完成所有结点的 P 标号，点击“提交”结束做题并上传做题记录与结果。

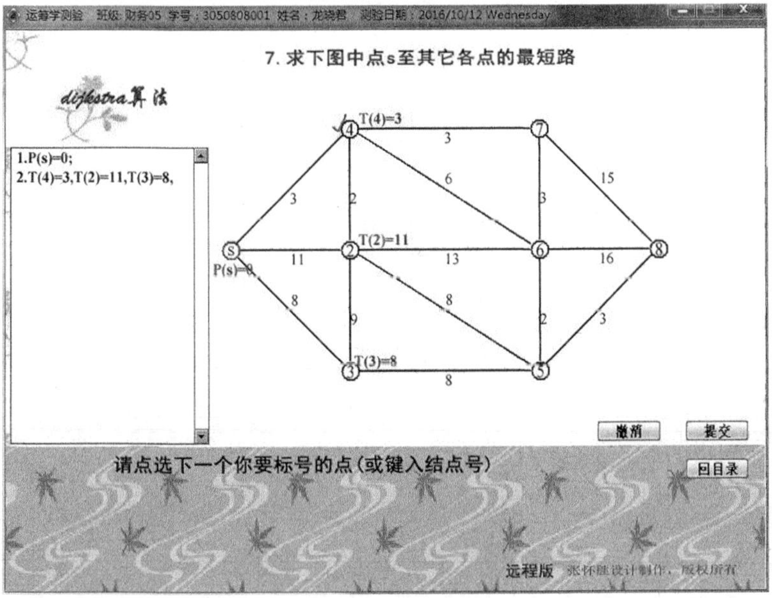


图 8-15　选择 P 标号点

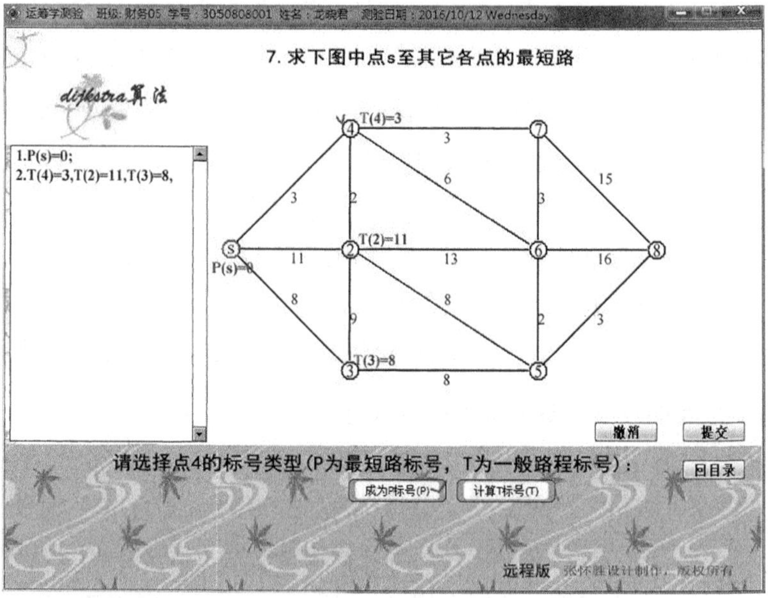


图 8-16 完成第二个 P 标号

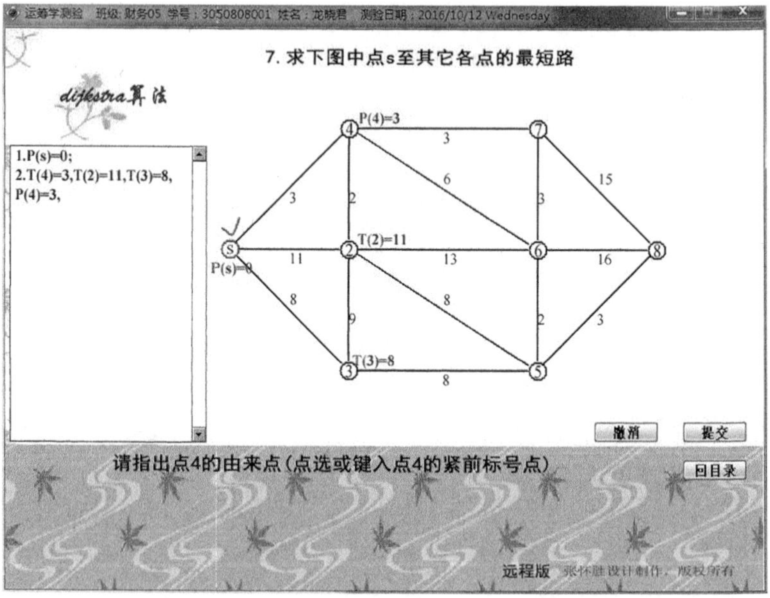


图 8-17 指出 P 标号点的紧前来源点

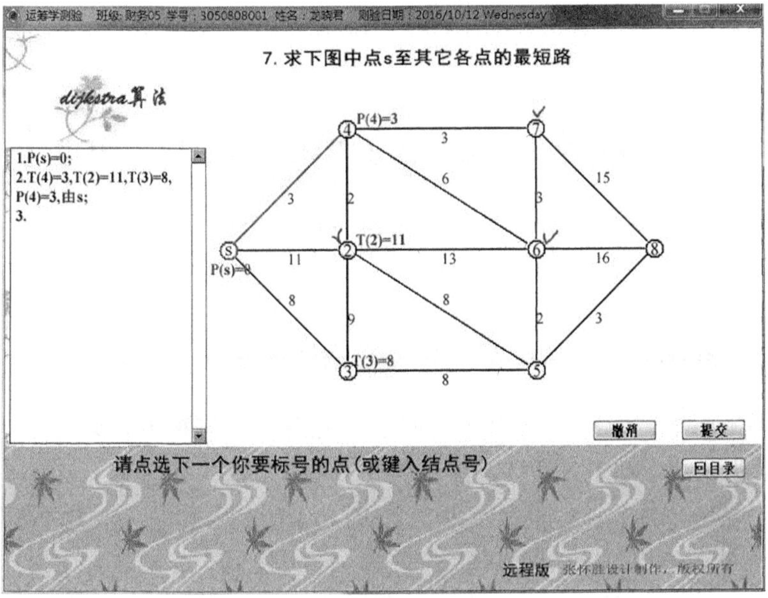


图 8-18　继续选择 T 标号点

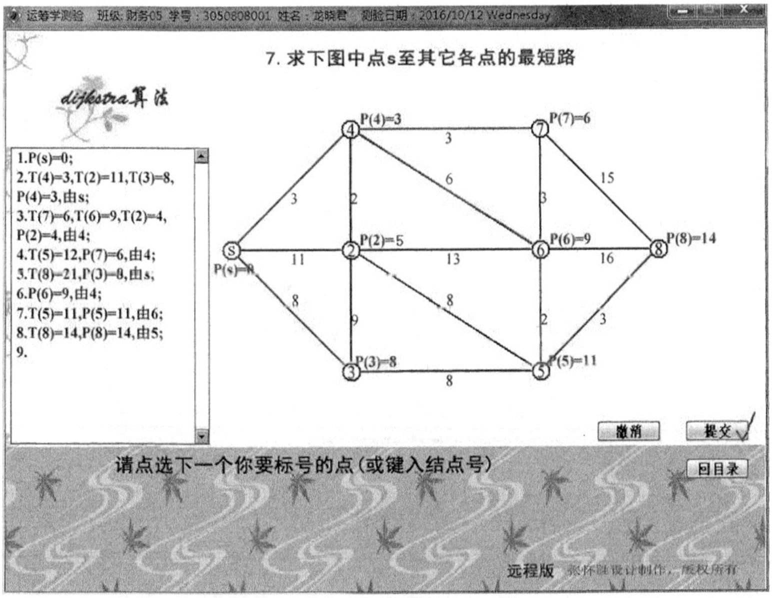


图 8-19　完成所有结点的 P 标号

# 第 9 章　网络最大流的 Ford-Fulkerson 算法

## 9.1　Ford-Fulkerson 算法的练习系统做题

在练习系统内容目录(如图 9-1 所示)中点击“8、网络最大流”，便会出现如图 9-2 所示的题目输入和读取界面。

输入题目时需先在作图区中作图,作图完毕后输入数据。作图时用鼠标拉出线段即可。另外,系统提供了删除、画线、恢复、撤销 4 个按钮可供操作,也可把磁盘中已下载或保存的题目读入输入框(作图区)。图 9-3 中显示了已读取的一个题目。

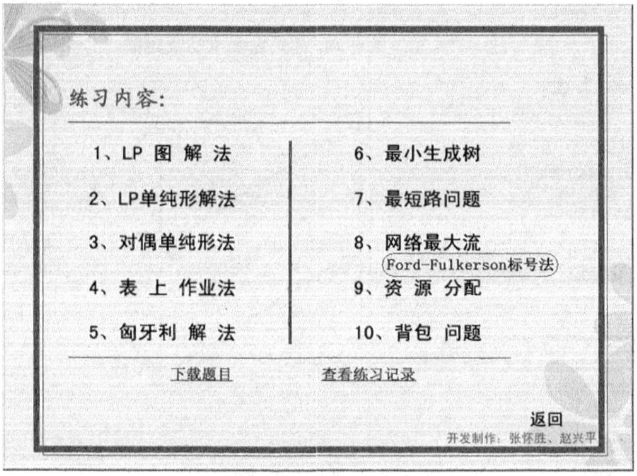


图 9-1　练习系统内容目录

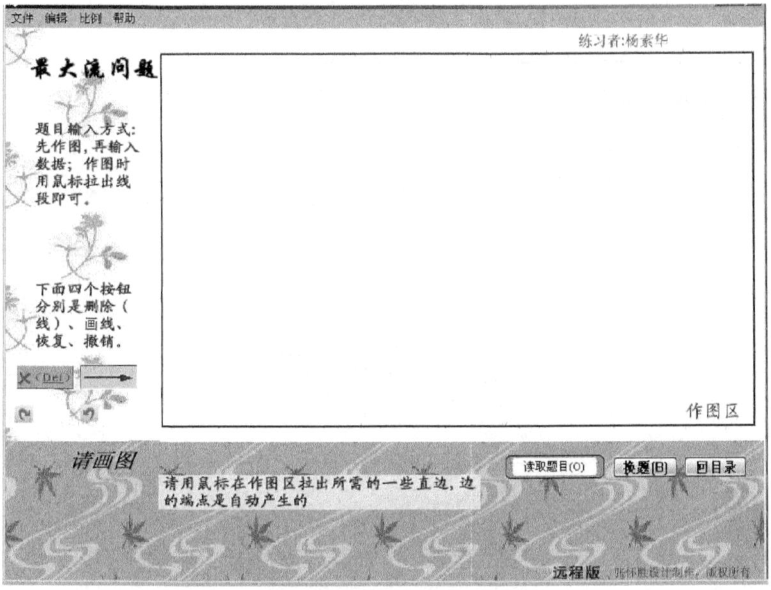


图 9-2　题目输入和读取

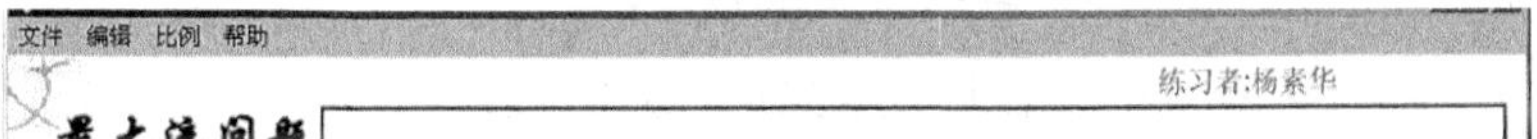


图 9-3　获取题目

输入题目完毕或读取题目完成后，对图上的点进行标号，第一个要标号的点是发源点Ⓢ,故点击结点Ⓢ便得到发源点Ⓢ的标号,如图 9-4 所示。

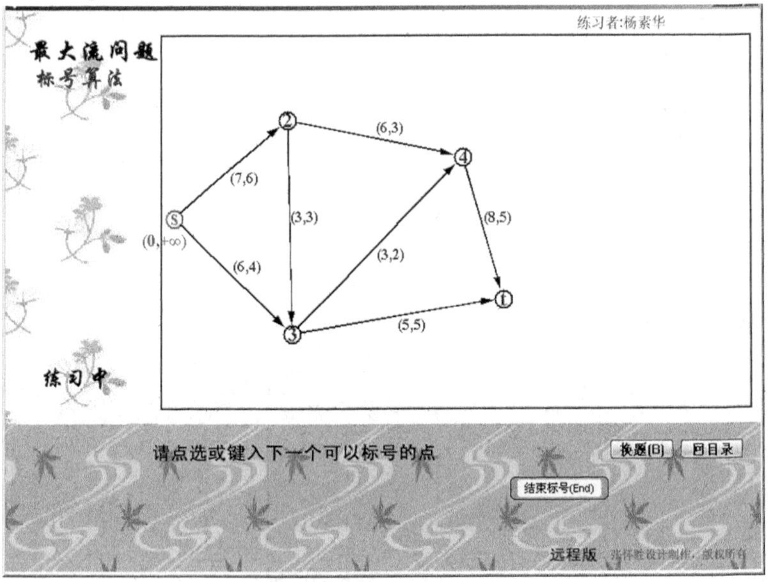


**图 9-4　第一个点的标号**

选择其他可标号点的方法是:从已标号点沿流量小于容量的前向弧能到达的点和沿流量大于 0 的后向弧能收回(减少)流量的点。由图 9-4 可看出,由已标号点Ⓢ出发,有两个前向不饱和弧(Ⓢ,②)和(Ⓢ,③),分别到达点②和点③,故可分别对点②和点③标号。用括弧括起两个元素,中间用逗号隔开,逗号前标出紧前标号点,逗号后标出可调整的流量,其中前向弧到达的标号为可增加的流量,后向弧到达的标号为可减少的流量。注意:可调整的流量为串联的所有弧上可调整流量的最小值;另外,后向标号在括弧中的第一个标号前用“-”表示。按此标号规则可对当前的点②和点③进行前向标号,分别为(Ⓢ,①)和(Ⓢ,②)。标号过程如图 9-5 所示。

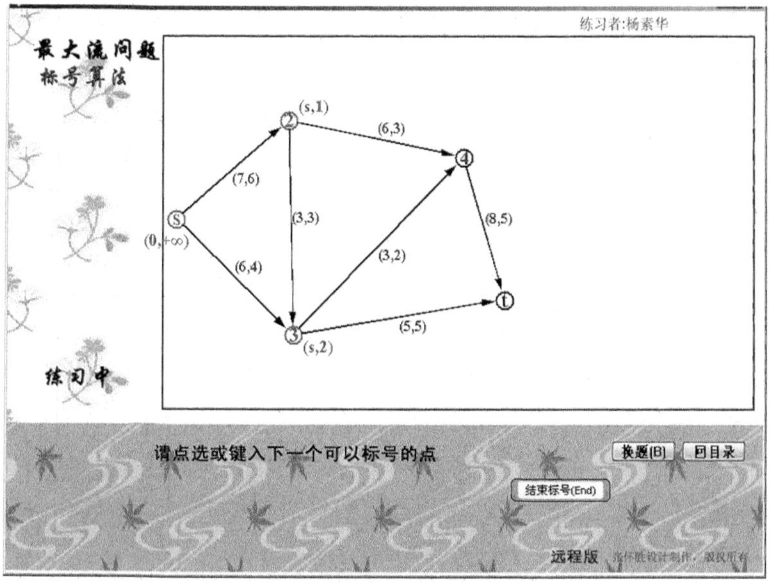


图 9-5　标号过程

在点②和点③中任选一个进行检查,此处检查点②,发现(②,④)为前向不饱和弧,此弧到达点④,故可对点④标号为(②,①),如图 9-6 所示。

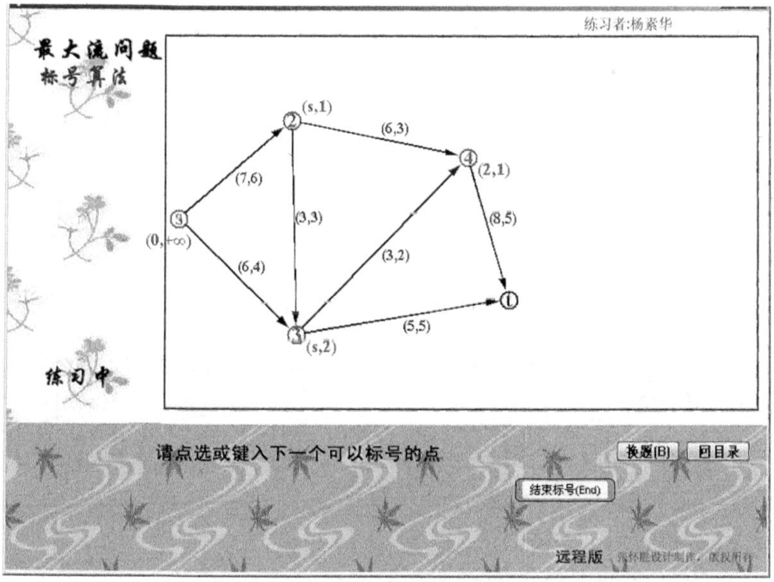


图 9-6　继续标号

检查点④,发现(④,ⓣ)为前向不饱和弧,故对点ⓣ标号为(④,1),如图9-7所示。

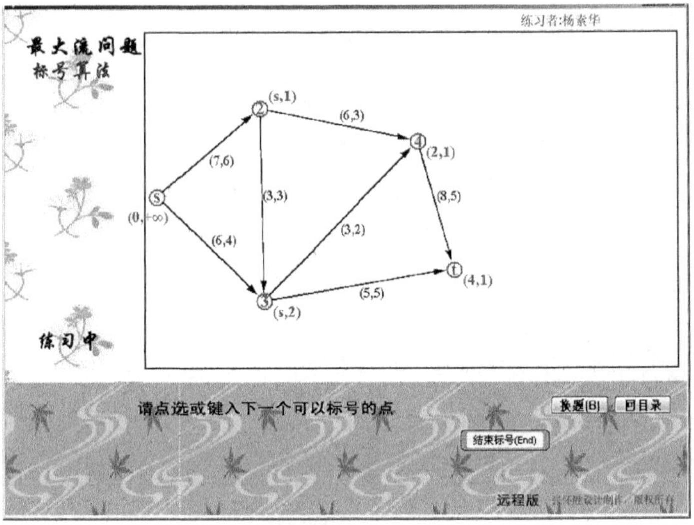


图9-7　收点 *t* 的标号

在图9-7的交互中,观察图中是否存在可以标号的点,若存在,则继续标号;否则,点击“结束标号(End)”。此题当前已无新的可标号点,故点击“结束标号(End)”,进入判断是否最大流的操作界面,如图9-8所示。

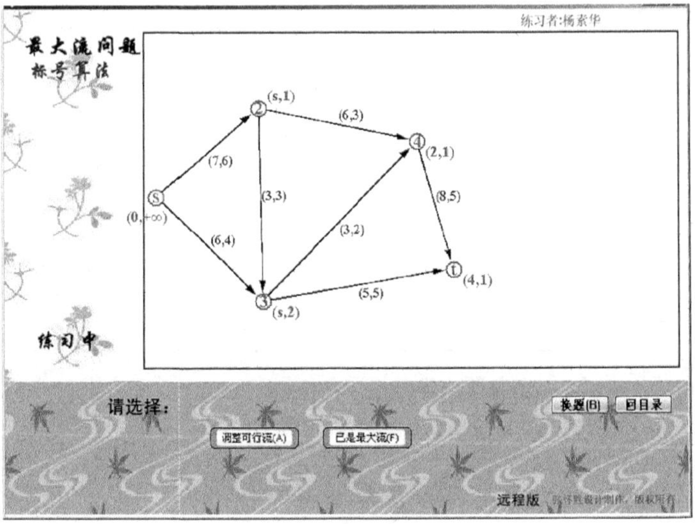


图9-8　判断是否最大流

根据标号判断目前流是否需要调整，若不需要，则点击“已是最大流(F)”；否则，点击“调整可行流(A)”。因点 ⓣ 已有标号，故转入调整过程，调整交互如图 9-9 所示。

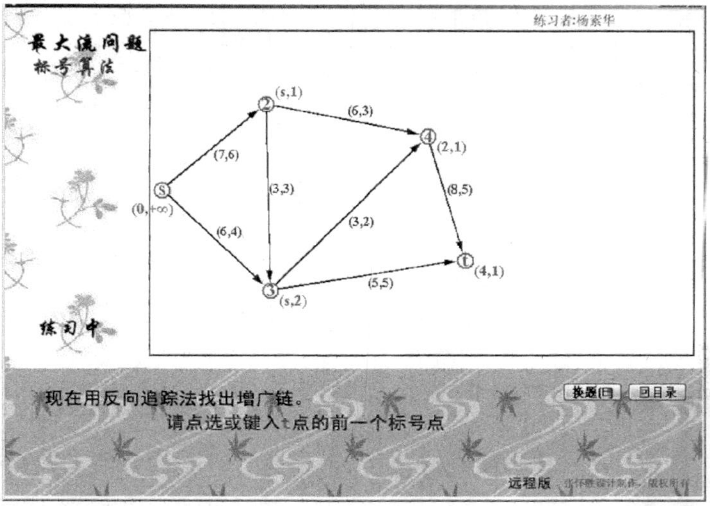


**图 9-9　选择增广链**

根据标号用反向追踪法找出增广链，依次点击点④，②，Ⓢ，得到的增广链如图 9-10 所示。

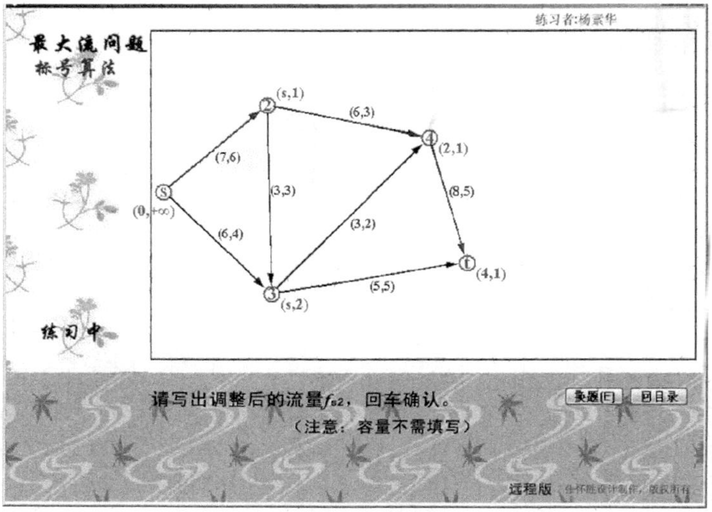


**图 9-10　调整可行流**

找到增广链后，对增广链上的流量进行调整并回车确认。调整的方法是：以收点ⓣ标号中的可调整流量作为调整值，在增广链上所有前向弧上的流量加上调整值，在所有后向弧上减去调整值。本题调整结果如图 9-11 所示。

对增广链上的流量进行调整后，按任意键继续标号，如图 9-12 所示。

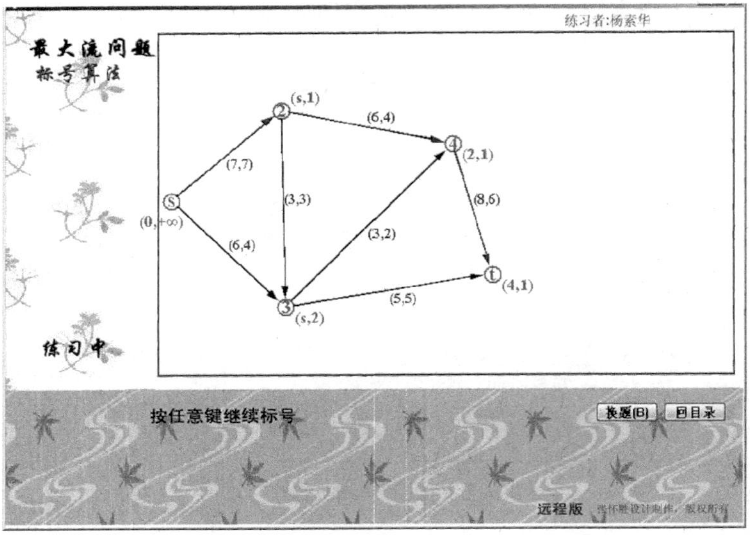


图 9-11　调整结果

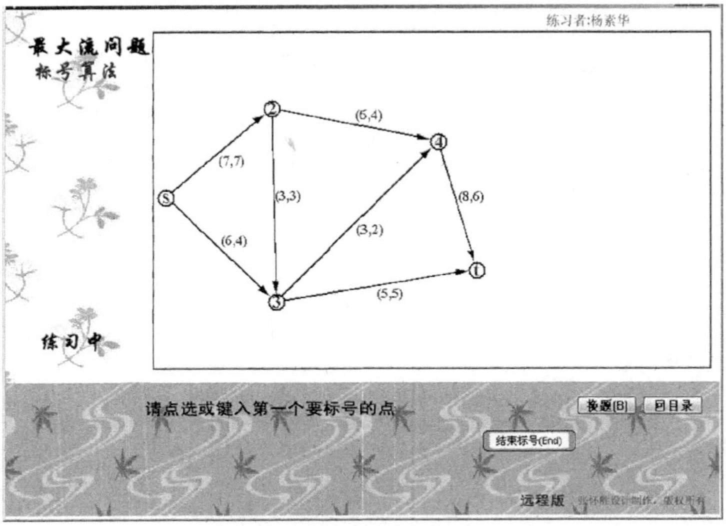


图 9-12　第二次标号

对图上的点进行标号，首先点选第一个要标号的点，点击点Ⓢ所在的位置对点Ⓢ进行标号，然后按照之前的操作方法对各个可标号的点进行标号并调整可行流，最终得到的可行流如图 9-13 所示。

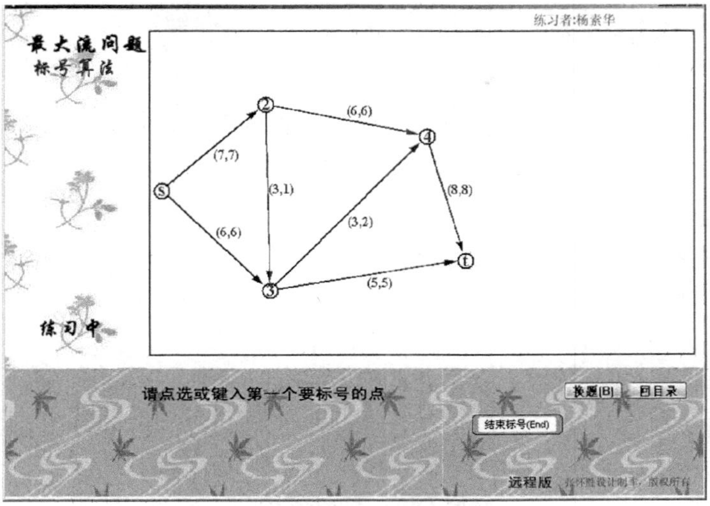


图 9-13　完成第二次调整

图 9-13 中的交互是要进行第三次标号，点选第一个要标号的点Ⓢ，结果如图 9-14 所示。

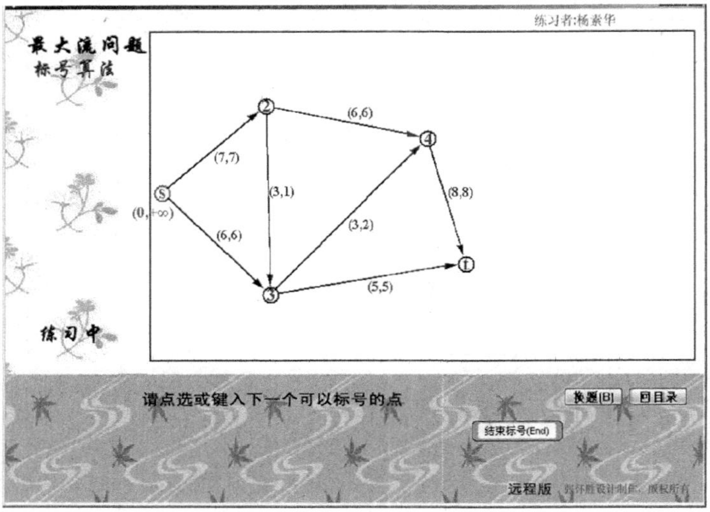


图 9-14　第三次标号

在图 9-14 所示的第三次标号中,检查点Ⓢ并寻求可标号的点,因弧(Ⓢ,②)和(Ⓢ,③)上的流量等于容量,所以标号过程无法继续下去,点击"结束标号(End)"进行第二次判断,如图 9-15 所示。

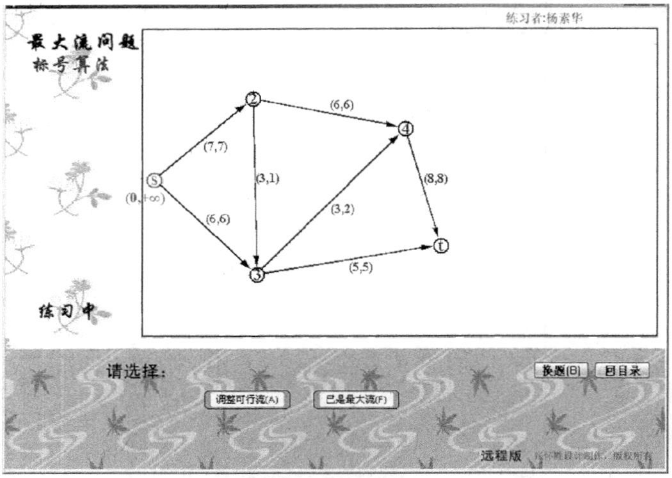


图 9-15 第二次判断

根据标号判断当前可行流是否需要调整,若不需要,则点击"已是最大流(F)";否则,点击"调整可行流(A)"。因为点ⓣ没有标号,所以当前流已是最大流,点击"已是最大流(F)",进入点选最小截集的操作界面,如图 9-16 所示。

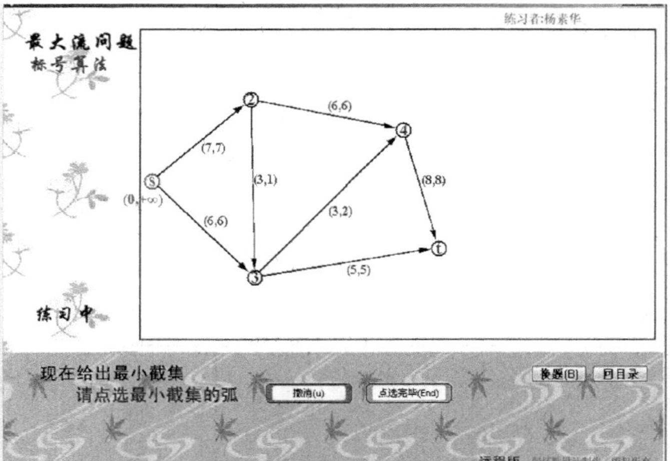


图 9-16 点选最小截集

根据已标号的点给出最小截集，方法是：点选所有从当前标号点到未标号点的弧。此题当前已标号点为点Ⓢ，其他均为未标号点，由图 9-16 可见，标号点Ⓢ到未标号点的弧只有两条：(Ⓢ,②)和(Ⓢ,③)，故分别点击弧(Ⓢ,②)和(Ⓢ,③)。得到的最小截集如图 9-17 所示。

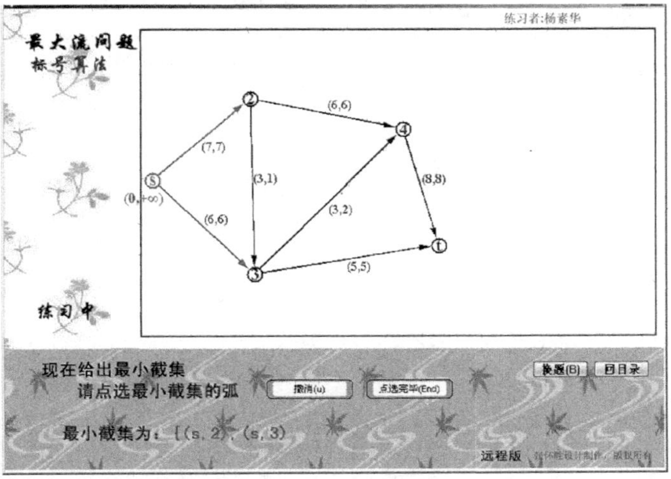


图 9-17　得到最小截集

点出最小截集的所有弧后点击“点选完毕(End)”，进入输入最大流流量的操作界面，如图 9-18 所示。

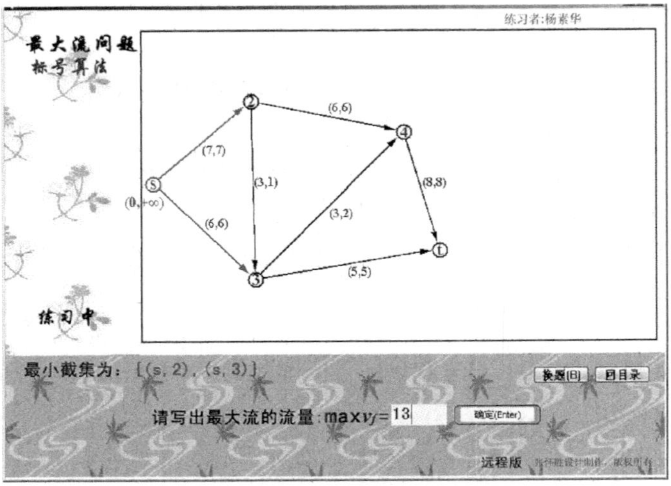


图 9-18　输入最大流流量

在图 9-18 所示的交互中,根据最小截集写出最大流的流量,即弧(Ⓢ,②)与(Ⓢ,③)上的流量之和 13。注意:实现最大流时,最小截集的流量之和是等于最小截集的截量的,且等于发点Ⓢ发出的流量之和,也等于收点ⓣ收到的流量之和。点击“确定(Enter)”结束做题,等待评分,如图 9-19 所示。

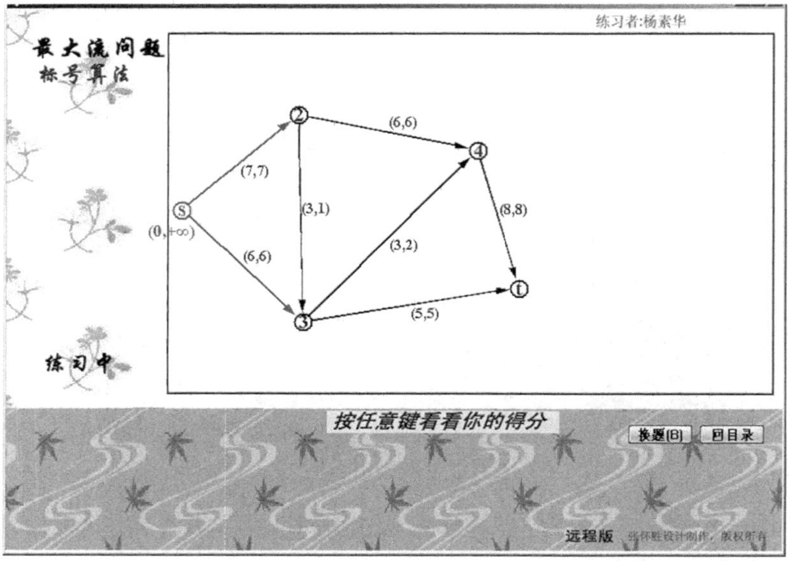


图 9-19　结束做题,等待评分

## 9.2　Ford-Fulkerson 算法的测验系统做题

在测验系统内容目录中点击“8、网络最大流”,系统便自动生成一道用 Ford-Fulkerson 算法做题的题目,如图 9-20 所示。

在图 9-20 所示的交互中,第一个要标号的点为发点Ⓢ,点击结点Ⓢ或键入“*S*”,发点Ⓢ的标号自动成为(0, +∞),如图 9-21 所示。每个结点标号的含义见 9.1 节。在图 9-21 所示的交互中,按 9.1 节练习系统的标号方法,得到一系列标号:Ⓢ:(0, +∞)→④:(Ⓢ,5)←⑥:(−④,3) →ⓣ:(⑥,3),完成后点击“结束标号(End)”,进入判断是否最大流的操作界面,如图 9-22 所示。

在图 9-22 所示的交互中,由于收点ⓣ 获得标号,故当前流不是最大流,点击“1. 不是最大流”，进入寻找增广链的操作界面，如图 9-23 所示。

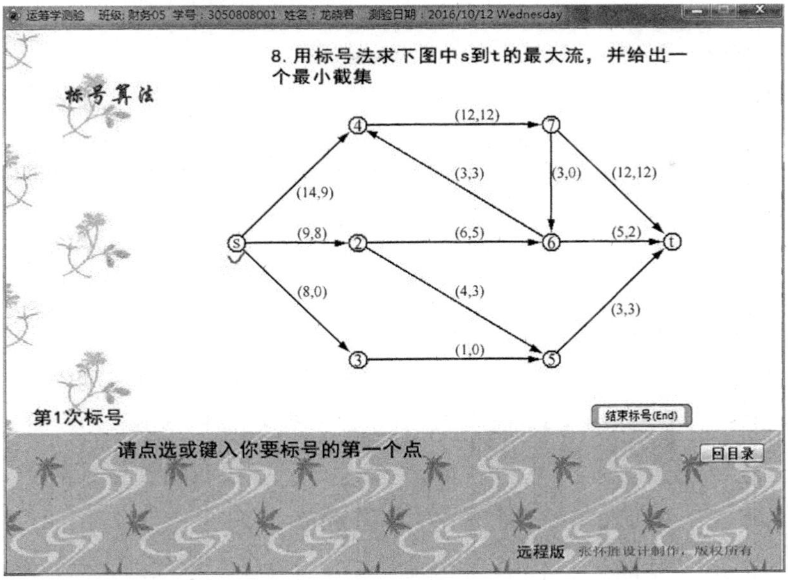


图 9-20　生成题目，开始做题

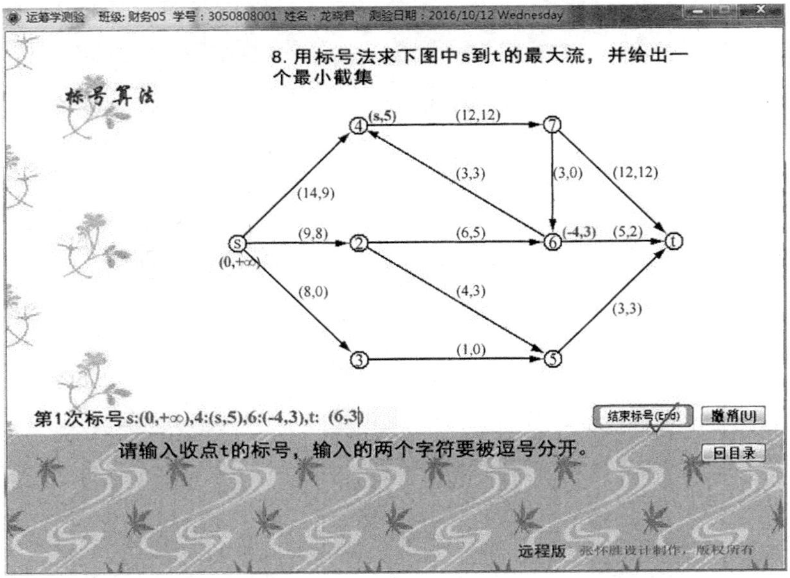


图 9-21　标号

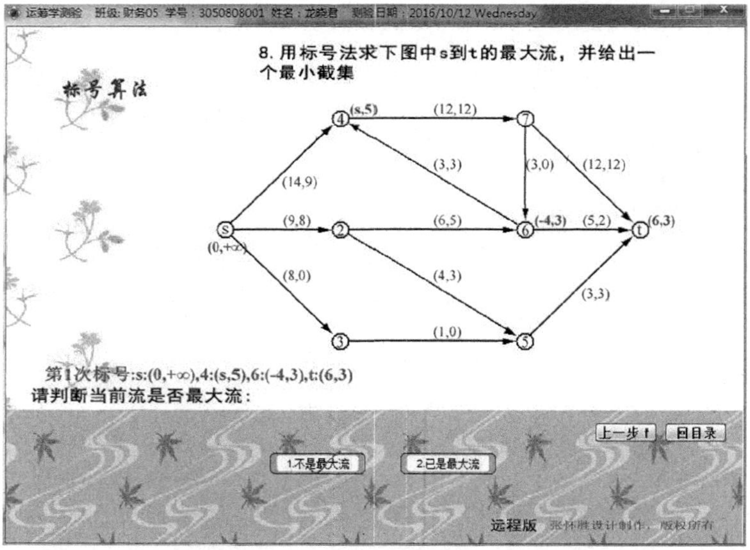


**图 9-22 判断是否最大流**

在图 9-23 所示的交互中，按已完成的标号过程发现增广链为Ⓢ→④←⑥→ⓣ，故依次点击或键入“*S*”“4”“6”“*t*”，则系统以红色描出用户点选的增广链。点击“完成增广链(End)”，进入调整可行流的操作界面，如图 9-24 所示。

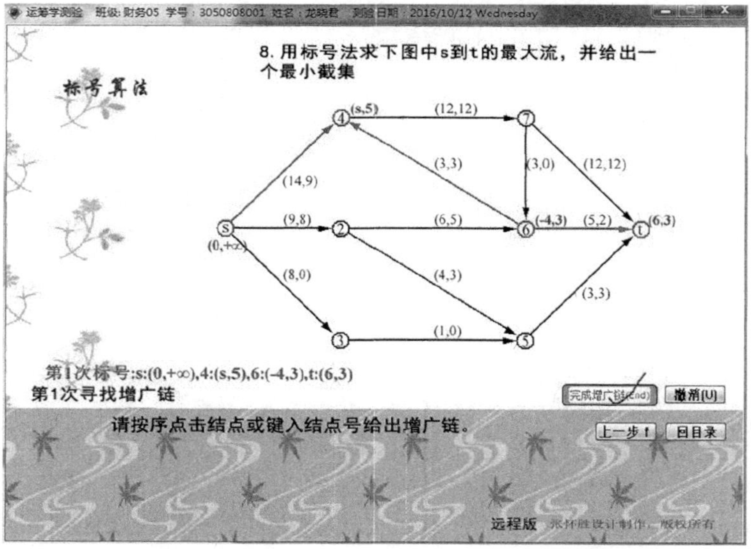


**图 9-23 寻找增广链**

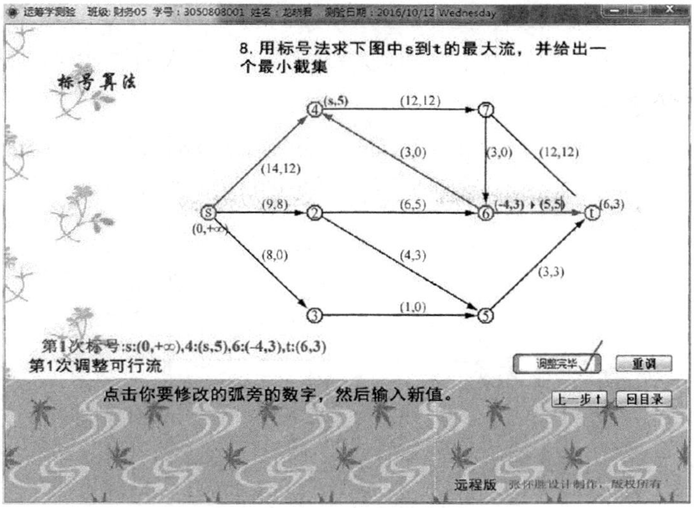


图 9-24　调整可行流

在图 9-24 所示的调整可行流的交互中，由于收点ⓣ的标号为（⑥,3），故增广链上的可调整量为 3。将增广链上所有前向弧的流量（每个弧旁括号中的第二个数字为流量）加 3，即弧Ⓢ→④和⑥ →ⓣ上的流量均加 3；所有后向弧上流量均减 3，即弧④ ←⑥ 上的流量均减 3。点击“调整完毕”，得到新的可行流，进入第二次标号的操作界面，如图 9-25 所示。

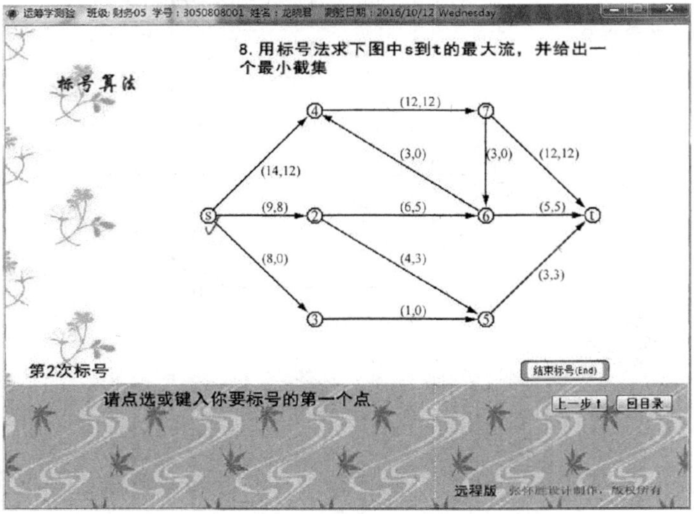


图 9-25　第二次标号

在图 9-25 所示的交互中，按前述标号方法将所有可标号的点均标号，标号结果如图 9-26 所示。然后点击“结束标号(End)”，进入第二次判断是否最大流的操作界面，如图 9-27 所示。

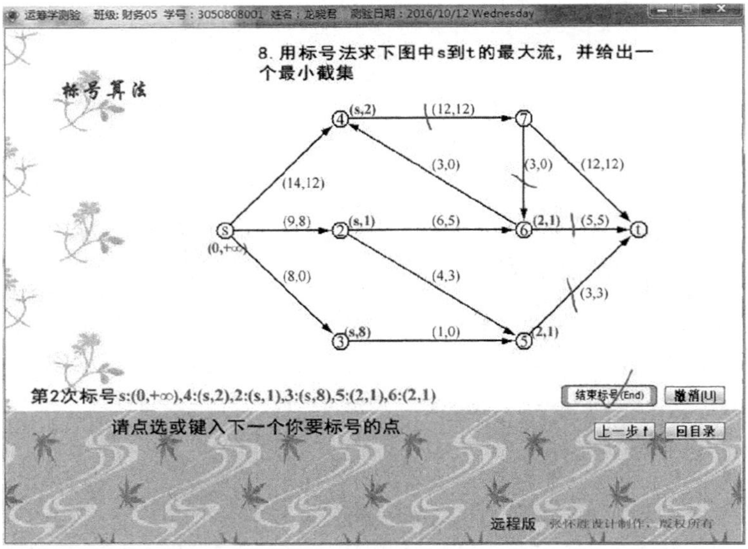


图 9-26　标号结果

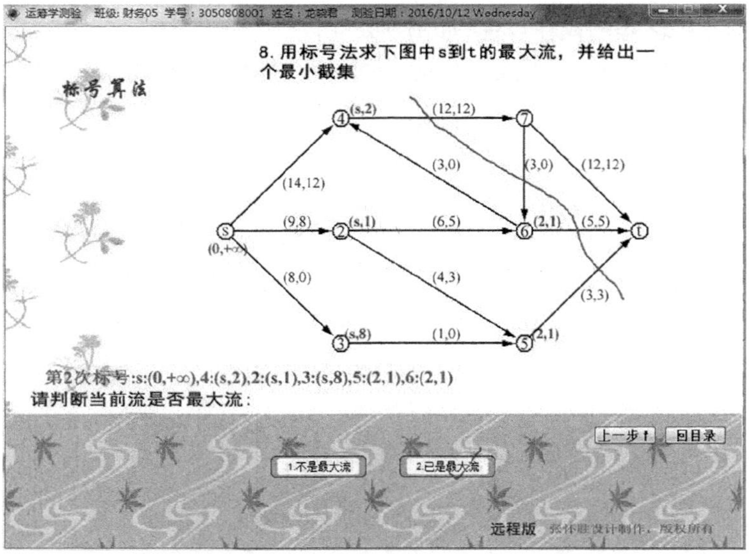


图 9-27　第二次判断

在图 9-27 所示的交互中，由于收点 ⓣ 得不到标号，故当前流已是最大流，点击“2. 已是最大流”。进入点选最小截集的操作界面，如图 9-28 所示。

在图 9-28 所示的交互中，按最小截集的确定方法点选弧④ →⑦，⑤ →ⓣ，⑥ →ⓣ，以完成最小截集的选取，然后进行输入最大流流量的操作界面，如图 9-29 所示。

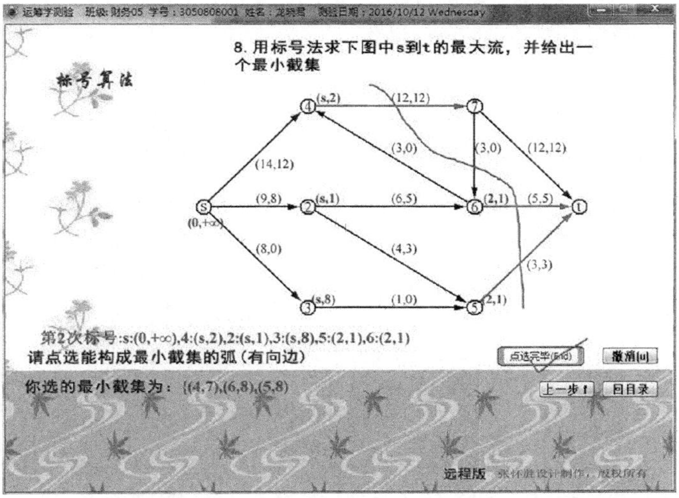


图 9-28　点选最小截集

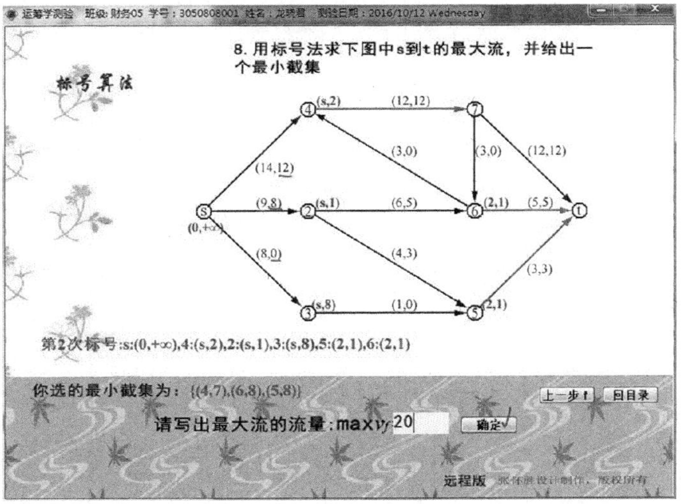


图 9-29　写出最大流流量

在图 9-29 所示的交互中，总流量可取发点Ⓢ发出的流量之和 12 +8 +0，也可取最小截集的截量或总流量 12 +5 +3，还可取收点ⓣ收到的流量之和 12 +5 +3，三者的结果是相同的，均为 20。输入“20”，点击“确定”完成做题，进入图 9-30所示操作界面，点击“提交”上传做题记录和结果。

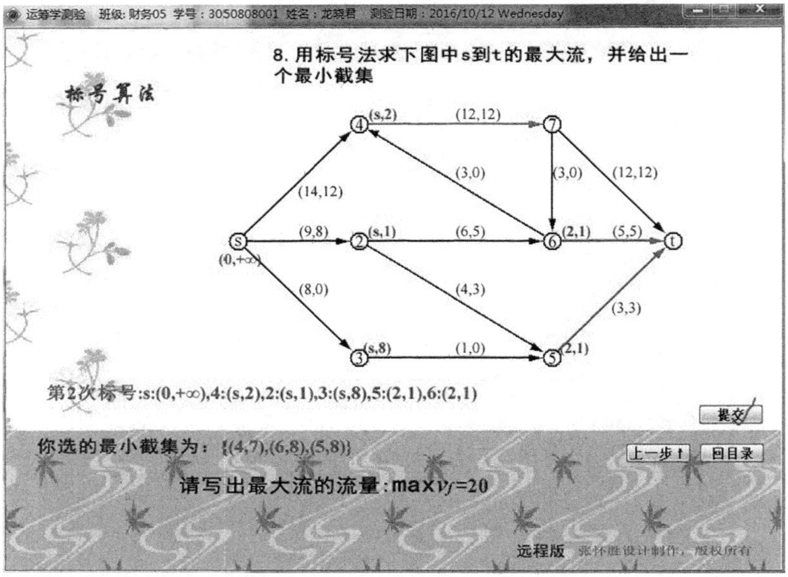


图 9-30 结束做题

# 第 10 章　资源分配的动态规划解法

## 10.1　资源分配的练习系统做题

在练习系统内容目录中点击"9、资源分配"(如图 10-1 所示)，将会出现输入题目界面，如图 10-2 所示。

在图 10-2 所示的输入框中，可以输入一个题目(注意规模限制和每行元素的含义)。也可直接读取题目到输入框中，点击"读取题目(O)"，得到一个题目，如图 10-3 所示。

输入题目完毕或读取题目完成后，点击"开始求解(S)"按钮，即可进入交互练习，如图 10-4 所示。

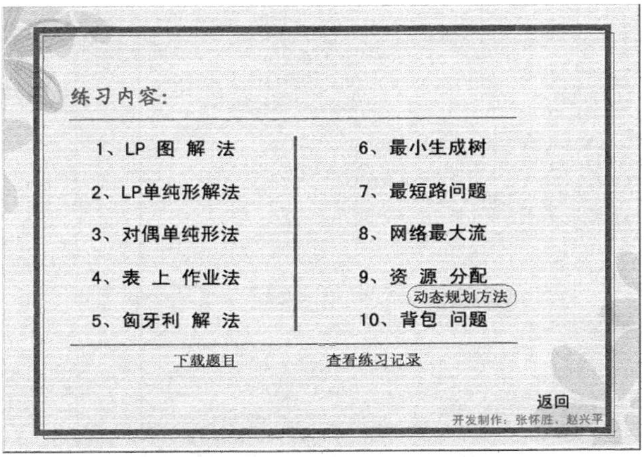


图 10-1　练习系统内容目录

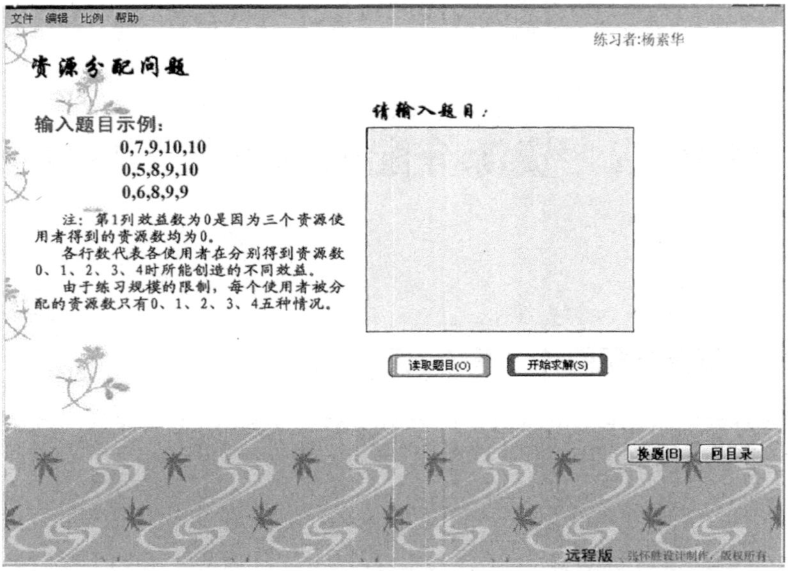


图 10-2　输入题目

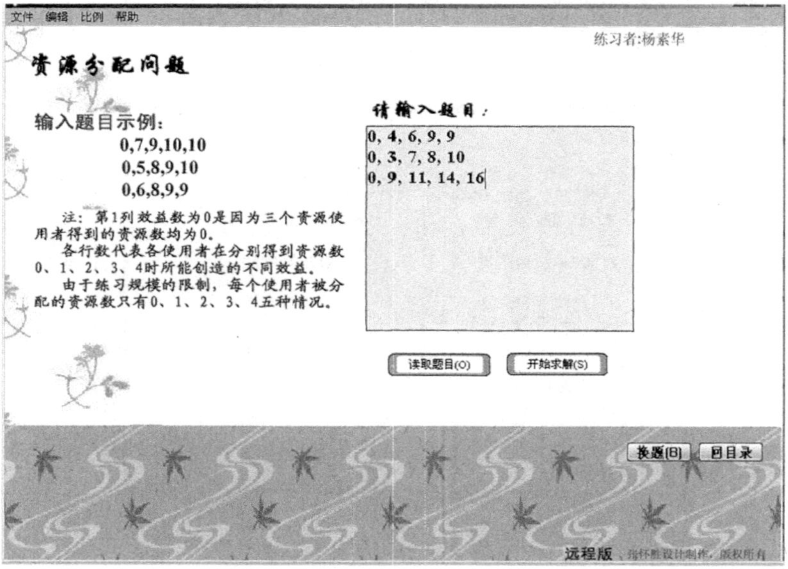


图 10-3　获取一个题目

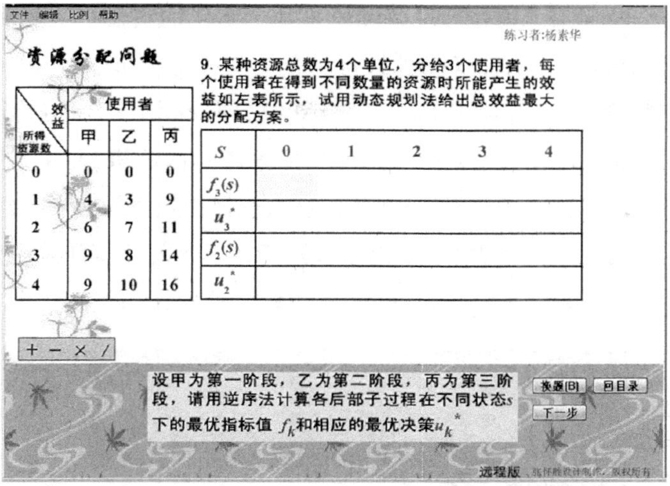


图 10-4　开始做题

在图 10-4 所示的交互中，设甲、乙、丙分别为第一、二、三阶段，用逆序法计算各后部子过程在不同状态 $s$ 下的最优指标值 $f_k$ 和相应的最优决策 $u_k^*$。先从第三阶段 $f_3(s)$ 算起，当 $s=0$ 时，即分配给丙的资源数为 0，所以 $f_3(0)=0$，$u_3^*=0$；当 $s=1$ 时，即分配给丙的资源数为 1，所以 $f_3(1)=9$，$u_3^*=1$。同理可得：$f_3(2)=11$，$u_3^*=2$；$f_3(3)=14$，$u_3^*=3$；$f_3(4)=16$，$u_3^*=4$，如图 10-5 所示。注意：若 $u_k^*$ 的取值不止一个，假设有“0”和“1”，则在输入 $u_k^*$ 的值时输入“0,1”即可。

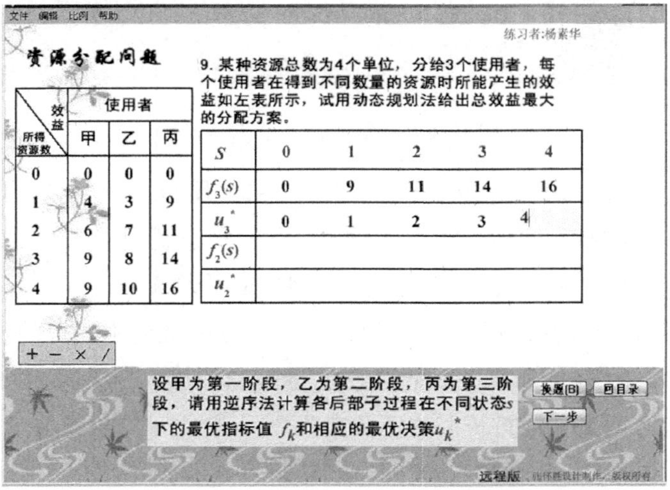


图 10-5　完成 $f_3$ 和 $u_3^*$

在图 10-5 中，继续第二阶段的计算：把 $s$ 个单位的资源（$s=0,1,2,3,4$）分配给乙和丙，则对每个 $s$ 值，有一种最优分配方案使效益最大。设分配给乙 $u_2$ 个资源，则分配给丙 $s-u_2$ 个资源。当 $s=0$ 时，即分配给乙和丙的资源数均为 0，所以 $f_2(0)=0, u_2{}^*=0$；当 $s=1$ 时，即分配给乙和丙的资源总数为 1，这时有两种分配方案（即乙 1 丙 0，或乙 0 丙 1），从中选择使效益最大者。经计算可知：选择方案“乙 0 丙 1”时效益最大，所以 $f_2(1)=9, u_2{}^*=0$。同理可得：$f_2(2)=12$，$u_2{}^*=1$；$f_2(3)=16, u_2{}^*=2$；$f_2(4)=18, u_2{}^*=2$，如图 10-6 所示。

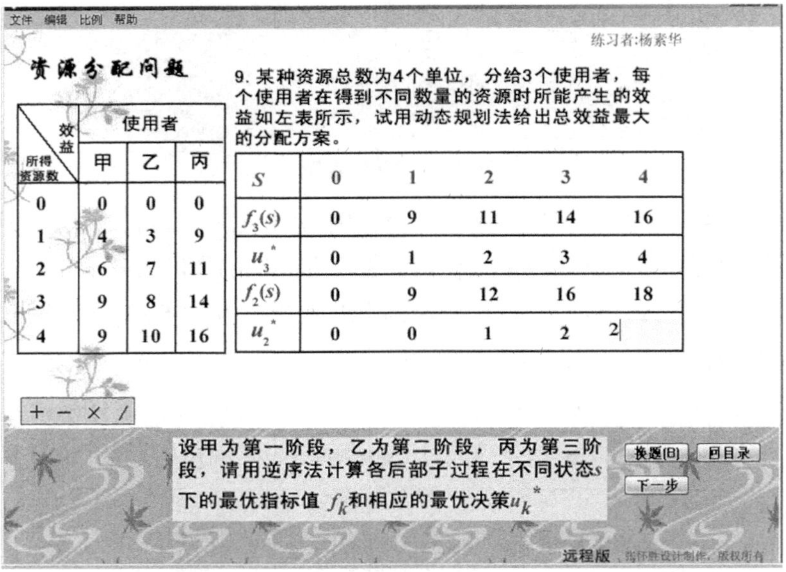


**图 10-6　计算 $f_3, u_3{}^*$ 及 $f_2, u_2{}^*$**

计算 $f_2, u_2{}^*$ 结束后，点击“下一步”计算第一阶段的 $f_1, u_1{}^*$，如图 10-7 所示。把 4 个单位的资源分配给甲、乙和丙，有一种最优分配方案使效益最大。设分配给甲 $u_1$ 个资源，则乙和丙共同获得 $4-u_2$ 个资源。当 $u_1=0$ 时，即分配给甲的资源数为 0，则乙和丙共同获得的资源数为 4，此时甲获得的效益为 0，乙和丙共同的效益为 18，所以此时的总效益为 $0+18$；当 $u_1=1$ 时，即分配给甲的资源数为 1，则乙和丙共同获得的资源数为 3，所以此时的总效益为 $4+16$。同理可得：当分配给甲的资源数为 2 时，总效益为 $6+12$；当分配给甲的资源数为 3 时，总效益为 $9+9$；当分配给甲的资源数为 4 时，总效益为 $9+0$。

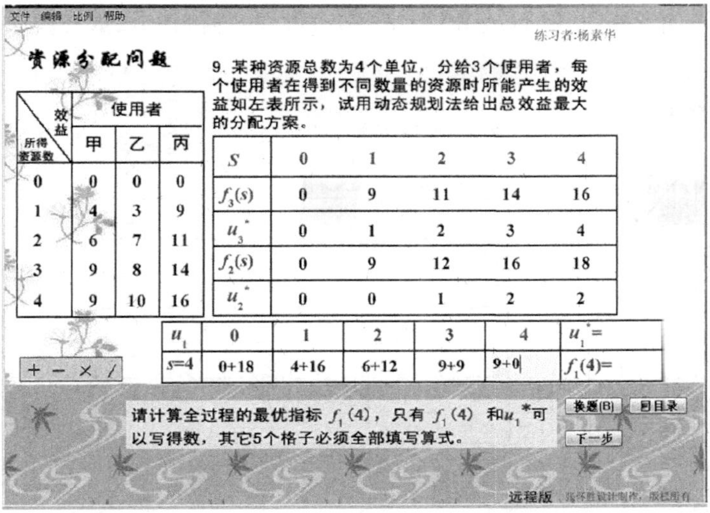


**图 10-7　计算 $f_1$ 和 $u_1{}^*$ 的过程算式**

算式列好后,从中选择结果最大者。由图 10-7 可见, $f_1(4)=4+16=20$ 最大。此时对应的 $u_1{}^*=1$,如图 10-8 所示。

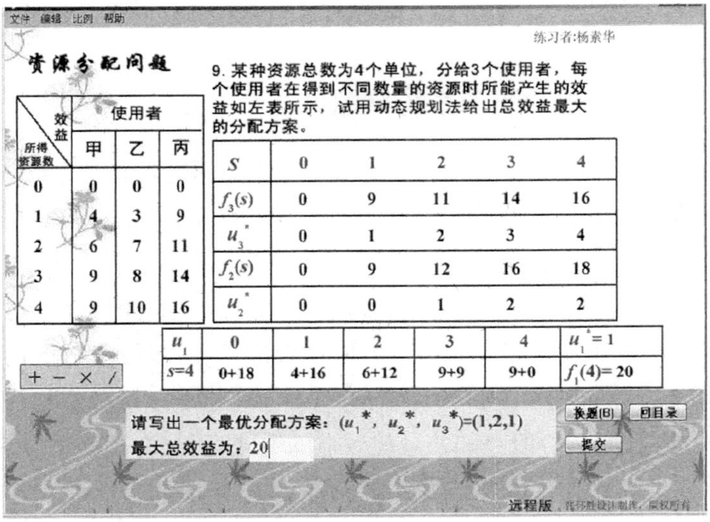


**图 10-8　计算最大总效益和最优分配方案**

根据最大效益所在算式的 $u_1{}^*$ 位置和被加数对应的 $u_2{}^*$ 的位置可知:最优分配方案为 $(u_1{}^*,u_2{}^*,u_3{}^*)=(1,2,1)$,最大总效益为 20。若最优方案不止一个,则任写一个即可。最后点击“提交”结束做题,等待评分,如图 10-9 所示。

**图 10-9　等待评分**

注意:若在解题过程中遇到困难,可点击菜单栏“帮助”—“提示”寻求帮助。

## 10.2　资源分配的测验系统做题

在测验系统内容目录界面中点击“9、资源分配”,系统便自动生成一道用动态规划求解的资源分配问题的题目,等待填写 $f_3$,$u_3{}^*$ 及 $f_2$,$u_2{}^*$,如图 10-10 所示。

在图 10-10 所示的交互中,与练习系统做资源分配的方法和原理一样,填写好 $f_3$,$u_3{}^*$ 及 $f_2$,$u_2{}^*$,点击“下一步”,便到了计算 $f_1$,$u_1{}^*$ 的操作界面,如图 10-11 所示。注意:$f_1$ 是从五个算式的结果中取最大值,这一步要考核的内容是对动态规划的基本方程的理解,故 $u_1=0,1,2,3,4$ 对应的下方格子中均要填写第一阶段的效益与第二、三阶段总和的最优效益的算式,不允许直接写得数。

计算 $f_1$ 时,资源总数是全部的资源 4,故当 $u_1=0$ 时,分配给甲的资源数为 0,乙和丙共同获得的资源数为 4,此时甲获得的效益为 0,乙和丙共同的最佳效益可查上一步计算好的 $f_2$ 表得到,此时 $f_2(4)=17$,所以在 $u_1=0$ 的下方格子中输入总效益的算式:0 + 17;当 $u_1=1$ 时,即分配给甲的资源数为 1,乙和丙共同获得的资源数为 3,此时的总效益为甲获得 1 个资源时的效益 7 加上乙、丙共同获得 3 个资源时的最佳总效益 14，因此在 $u_1=1$ 的下方格子中输入总效益的算式：7 + 14；同理可得：当分配给甲的资源数 $u_1$ 分别为 2，3，4 时对应的总效益算式分别为 10 + 10，11 + 7，13 + 0，如图 10-12 所示。

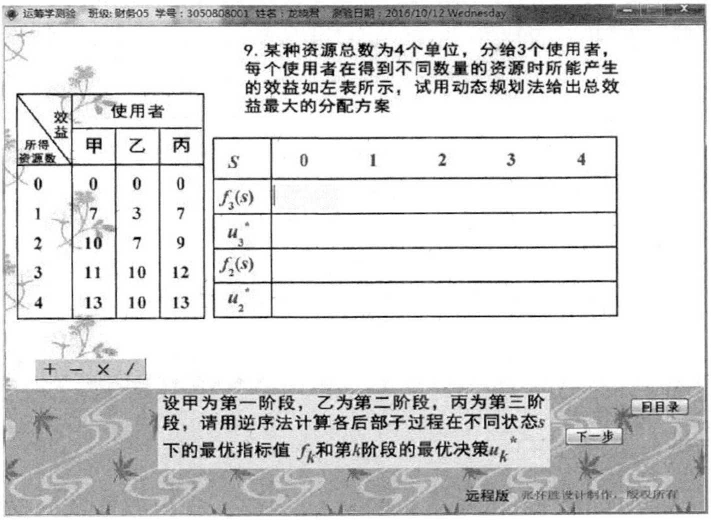


图 10-10　开始做题

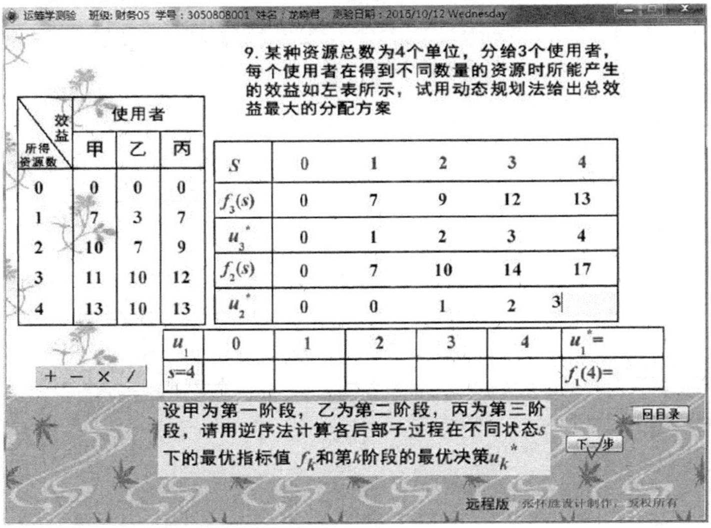


图 10-11　完成 $f_3$，$u_3^*$ 及 $f_2$，$u_2^*$ 的计算，等待计算 $f_1$，$u_1$

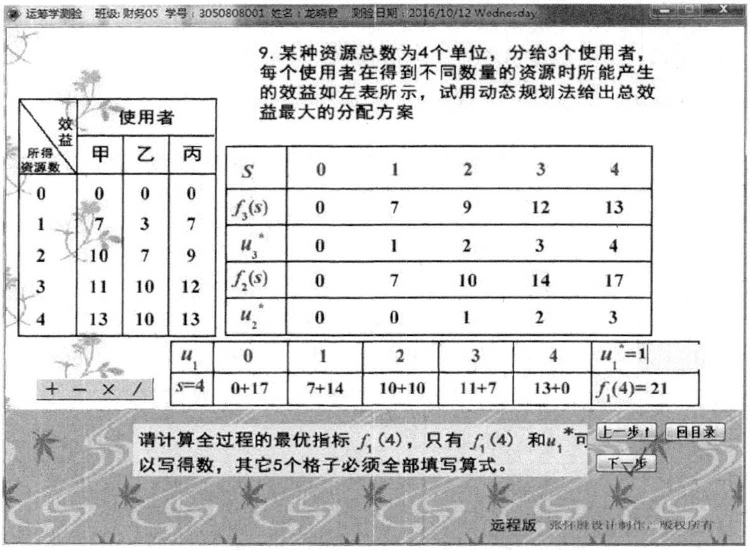


**图 10-12　$f_1$ 及 $u_1$ 的过程算式与结果**

在图 10-12 的所有输入完成后，点击“下一步”，写出最优分配方案和最大总效益，如图 10-13 所示。

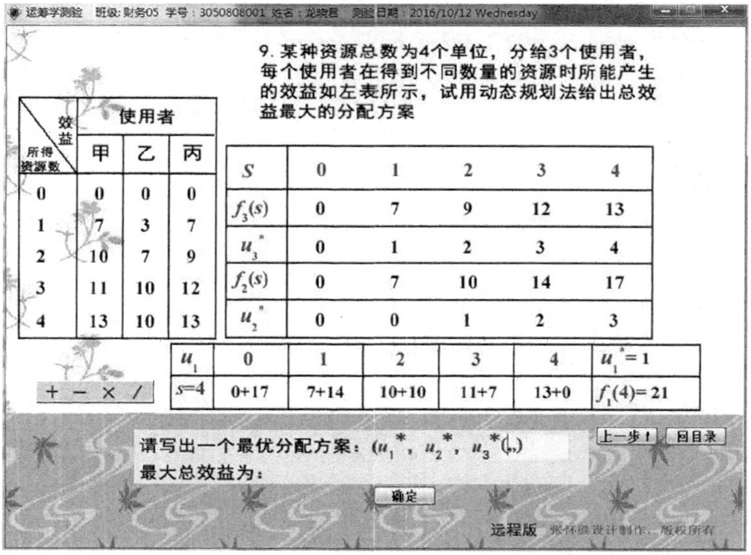


**图 10-13　写出最优分配方案和最大总效益**

在图 10-13 所示的交互中，由 $f_1(4)=21$ 对应的最佳 $u_1{}^*=1$ 查到对应的加式为 7 + 14。由于总资源数为 4，故此时乙和丙共同获得的资源数为 4 − 1 = 3，因此 $f_2(3)=14$。

在 $f_2(s)$ 表中查到 $f_2(3)=14$ 对应的下方 $u_2{}^*=2$，这样，丙获得的最佳资源数便为 $u_3{}^*=4-u_1{}^*-u_2{}^*=4-1-2=1$，故最优分配方案为 $(u_1{}^*, u_2{}^*, u_3{}^*)=(1,2,1)$，最大总效益即为 $f_1(4)=21$，如图 10-14 所示。

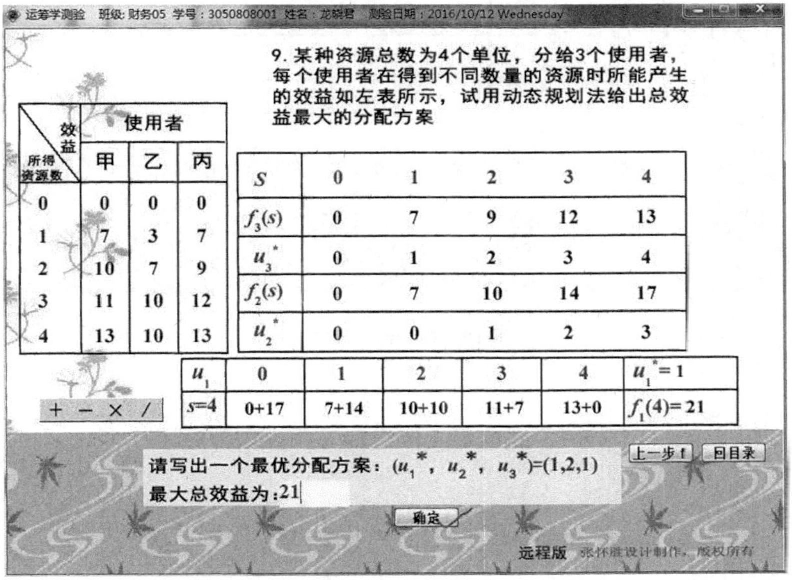


图 10-14　完成最优分配

在图 10-14 的操作中，填写好最优分配方案和最大总效益后点击“确定”，进入提交界面，如图 10-15 所示。点击“提交”结束做题并上传做题过程及结果。

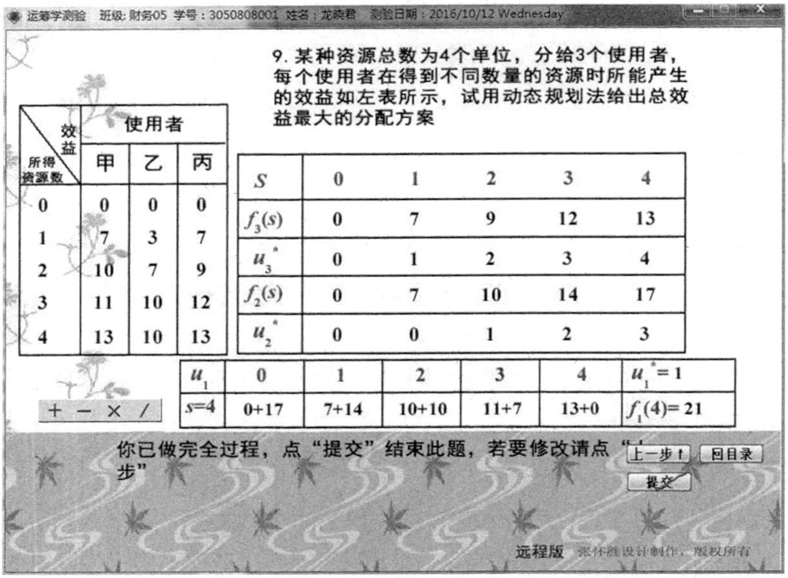
运筹学测验 班级: 财务05 学号: 3050808001 姓名: 龙晓君 测验日期: 2016/10/12 Wednesday
9. 某种资源总数为4个单位，分给3个使用者，每个使用者在得到不同数量的资源时所能产生的效益如左表所示，试用动态规划法给出总效益最大的分配方案
效益 所得资源数 | 使用者 甲 | 乙 | 丙
0 | 0 | 0 | 0
1 | 7 | 3 | 7
2 | 10 | 7 | 9
3 | 11 | 10 | 12
4 | 13 | 10 | 13
S | 0 | 1 | 2 | 3 | 4
f3(s) | 0 | 7 | 9 | 12 | 13
u3* | 0 | 1 | 2 | 3 | 4
f2(s) | 0 | 7 | 10 | 14 | 17
u2* | 0 | 0 | 1 | 2 | 3
u1 | 0 | 1 | 2 | 3 | 4 | u1* = 1
s=4 | 0+17 | 7+14 | 10+10 | 11+7 | 13+0 | f1(4)= 21
+ − × /
你已做完全过程，点“提交”结束此题，若要修改请点“上一步”
上一步↑
回目录
提交
远程版

图 10-15　完成后提交

# 第 11 章　背包问题

## 11.1　背包问题的练习系统做题

在练习系统内容目录界面中点击“10、背包问题”(如图 11-1 所示)，出现题目输入框(如图 11-2 所示)。

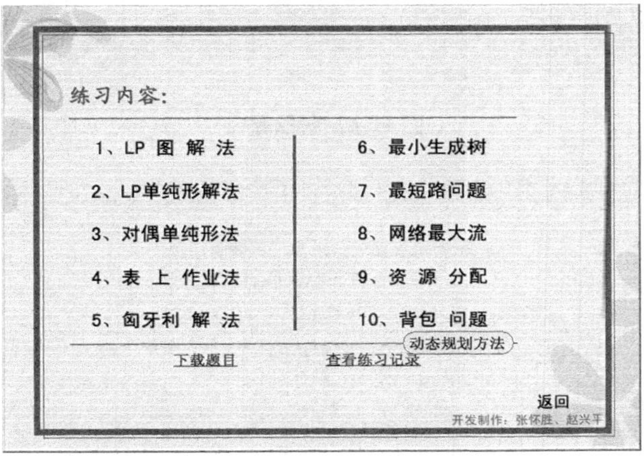


图 11-1　练习系统内容目录

在题目输入框中可以输入一个题目，也可以直接读取题目，输入时应输入两行，每行 3 个数，不同数字用逗号隔开，第一行三个数字表示三种物品的单件价值，第二行的三个数字为三种物品的单件重量，由于背包所能承受的总重量不能超过 5，因此输入的物品的单件重量应小于 5。这里点击“读取题目(O)”，然后点击“开始求解(S)”，进入图 11-3 所示的开始求解界面。

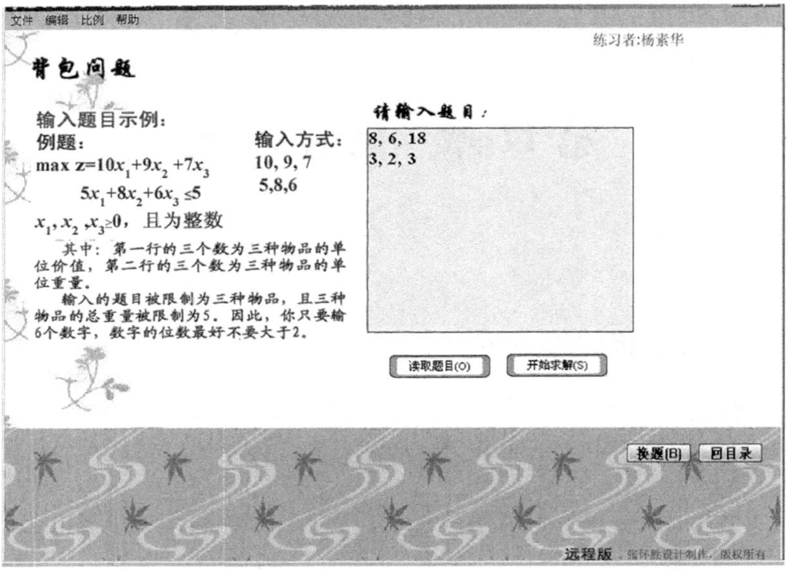


图 11-2　获取题目

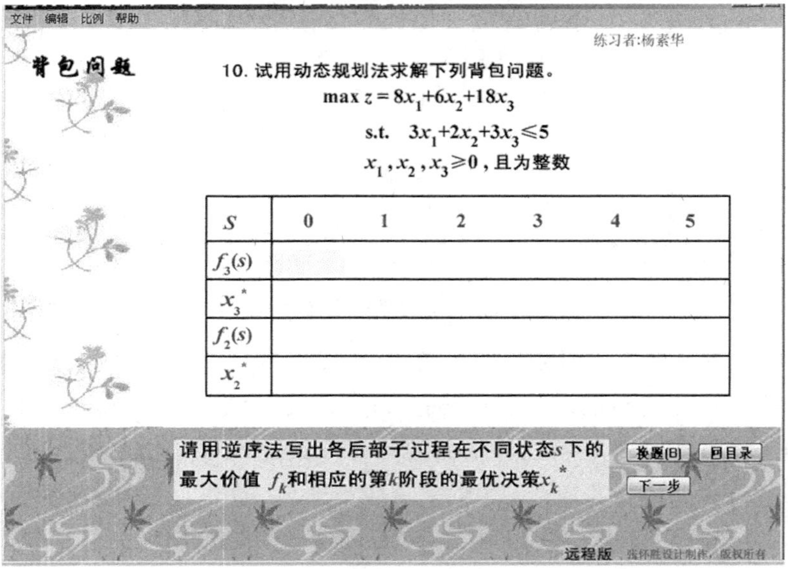


图 11-3　开始求解

在图 11-3 所示的交互中，按物品分为三个阶段，用逆序法计算各后部子过

程在不同状态 $s$ 下的最优指标值 $f_k$ 和相应的第 $k$ 阶段的最优决策 $x_k^*$。先从第三阶段 $f_3(s)$ 算起，当 $s=0$ 时，分配给第三种物品的重量为 0，所以 $f_3(0)=0$，$x_3^*=0$；当 $s=1$ 时，分配给第三种物品的重量为 1，但第三种物品的单位重量为 3，所以 $f_3(1)=0$，$x_3^*=0$；同理，当 $s=2$ 时，$f_3(2)=0$，$x_3^*=0$；当 $s=3$ 时，即分配给第三种物品的重量为 3，所以 $f_3(3)=18$，$x_3^*=1$。同理可得，$f_3(4)=18$，$x_3^*=1$；$f_3(5)=18$，$x_3^*=1$。求解过程如图 11-4 所示。

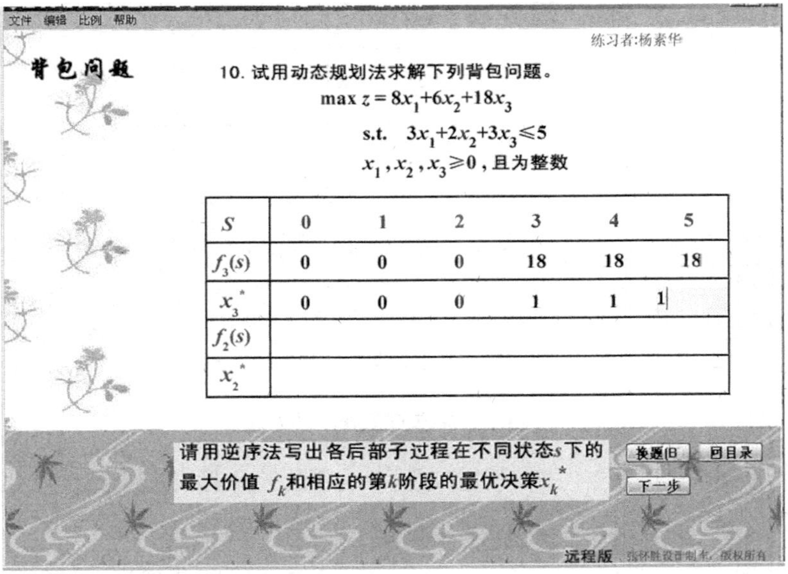


图 11-4　求解 $f_3$ 及 $x_3^*$ 的过程

接下来计算第二阶段的 $f_2$ 及 $x_2^*$。把 $s$ 个单位重量空间（$s=0,1,2,3,4,5$）分配给第二和第三种物品，则对每个 $s$ 值，有一种最优分配方案使第二、第三种物品的价值总和最大。设分配给第二种物品 $x_2$ 个单位重量，则分配给第三种物品 $s-x_2$ 个单位重量。当 $s=0$ 时，即分配给第二和第三种物品的单位重量为 0，所以 $f_2(0)=0$，$x_2^*=0$；当 $s=1$ 时，由于第二和第三种物品的单位重量分别为 2 和 3，所以 $f_2(1)=0$，$x_2^*=0$；当 $s=2$ 时，由于第二和第三种物品的单位重量分别为 2 和 3，所以这两个单位重量空间只能分配给第二种物品，故 $f_2(2)=6$，$x_2^*=1$；当 $s=3$ 时，由于第二和第三种物品的单位重量分别为 2 和 3，所以有两种分配方案，即 $(x_2,x_3)=(0,1)$ 或 $(1,0)$，从中选择使价值最大者，故 $f_2(3)=$

18，$x_2^*=0$；同理可得 $f_2(4)=18$，$x_2^*=0$；$f_2(5)=24$，$x_2^*=1$。求解过程如图 11-5 所示。

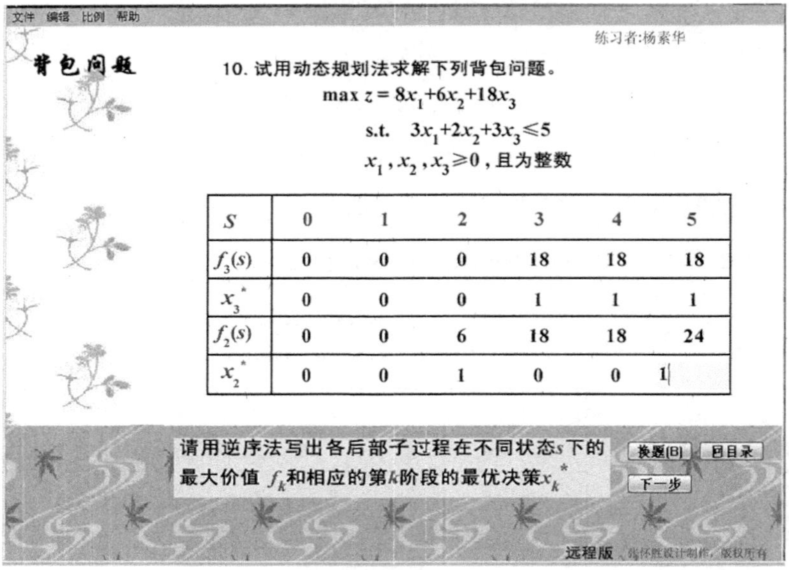


**图 11-5　求解 $f_2$ 及 $x_2^*$ 的过程**

计算完毕后，点击“下一步”进入图 11-6 所示的计算第一阶段 $f_1(5)$ 及最优背包策略的操作。$f_1(5)$ 即最大总价值，把 5 个单位重量分配给三种物品，有一种最优分配方案使总价值最大。因为总重量为 5，而第一种物品的单位重量为 3，所以 $x_1$ 只能取 0 或 1。当 $x_1=0$ 时，即把 5 个单位重量分配给第二、第三种物品，所以总价值为 $8\times0+f_2(5)=8\times0+24$；当 $x_1=1$ 时，因为 $x_1$ 的单位重量为 3，即把 2 个单位重量分配给了第二、第三种物品，所以总价值为 $8\times1+f_2(2)=8\times1+6$。在这两个方案中取使总价值最大者，即 $f_1(5)=\max[8\times0+24, 8\times1+6]=24$，此时的最优背包策略为（0，1，1）。注意：$f_1(5)$ 的输入方式应为算式，且算式中应有加号和最值符号，如图 11-6 所示。完成 $f_1(5)$ 和最优背包策略后，点击“提交”结束做题并上传题目和解题结果。稍等片刻，系统给出做题者的评分，如图 11-7 所示。

注意：若在解题过程中遇到困难，可点击菜单栏“帮助”—“提示”寻求帮助。

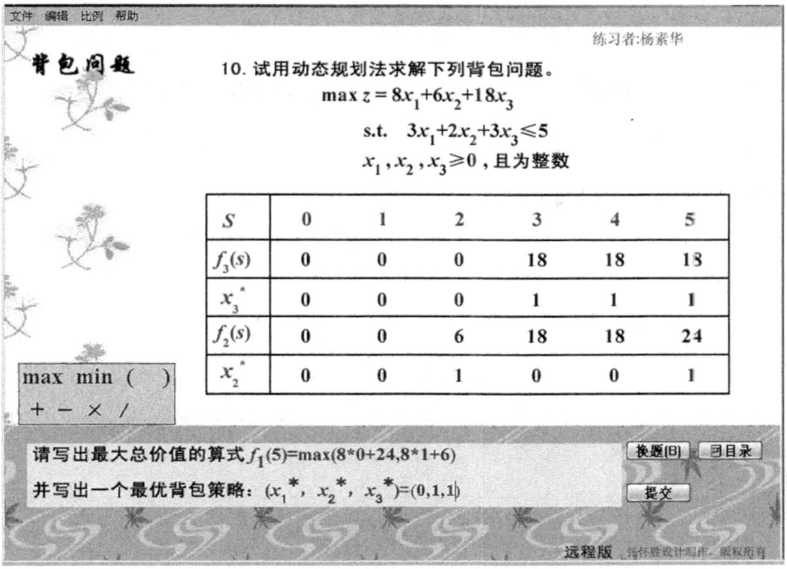


图 11-6 求解 $f_1(5)$ 及最优背包策略

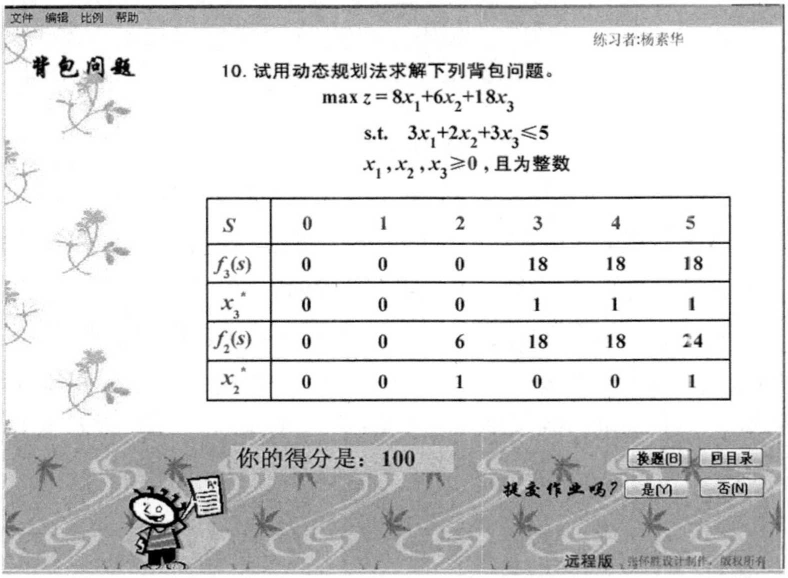


图 11-7 系统评分

## 11.2 背包问题的测验系统做题

在测验系统内容目录界面中点击“10、背包问题”，系统便自动生成一道用动态规划求解的背包问题的题目，等待填写 $f_3$ 及 $x_3{}^*$，如图 11-8 所示。

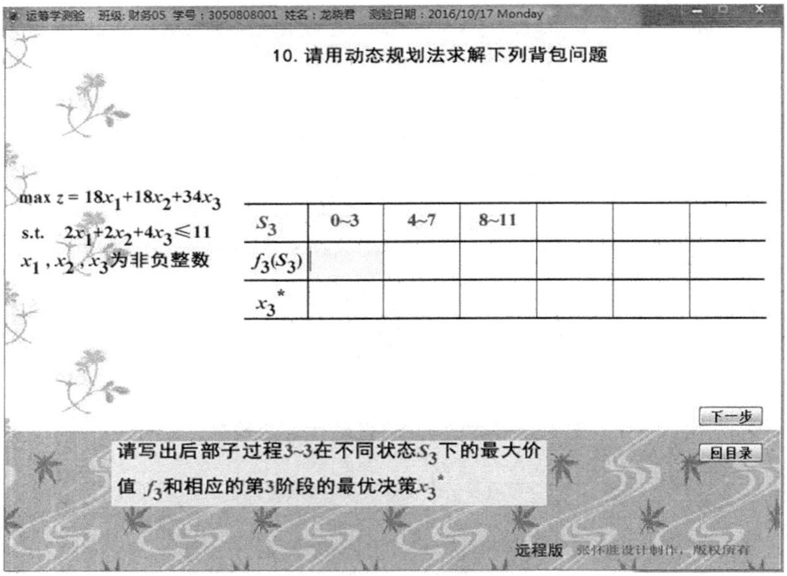


**图 11-8　计算 $f_3$ 及 $x_3{}^*$**

在图 11-8 所示的交互中，按物品种类分为三个阶段，第 $k$ 阶段的决策变量为第 $k$ 种物品的装载数量，即 $x_k(k=1,2,3)$。用逆序法计算各后部子过程在不同状态 $s$ 下的最优指标值 $f_k$ 和相应的第 $k$ 阶段的最优决策 $x_k{}^*$。先从第三阶段 $f_3(s_3)$ 算起，此题中，由于第三种物品的单件重量为 4，所以当剩余重量空间 $s_3<4$ 时，第三种物品装不了，即 $s_3=0\sim3$ 时，$x_3{}^*=0$，对应的 $f_3(s_3)=0$。同理，当剩余重量空间 $s_3=4\sim7$ 时，第三种物品只能装一件，即 $x_3{}^*=1$，对应的 $f_3(s_3)=34$；当 $s_3=8\sim11$ 时，第三种物品只能装两件，即 $x_3{}^*=2$，对应的 $f_3(s_3)=68$，将计算结果填在图 11-9 所示表格中。填写完成后点击“下一步”，进入如图 11-10 所示的计算 $f_2$ 及 $x_2{}^*$ 的操作界面。

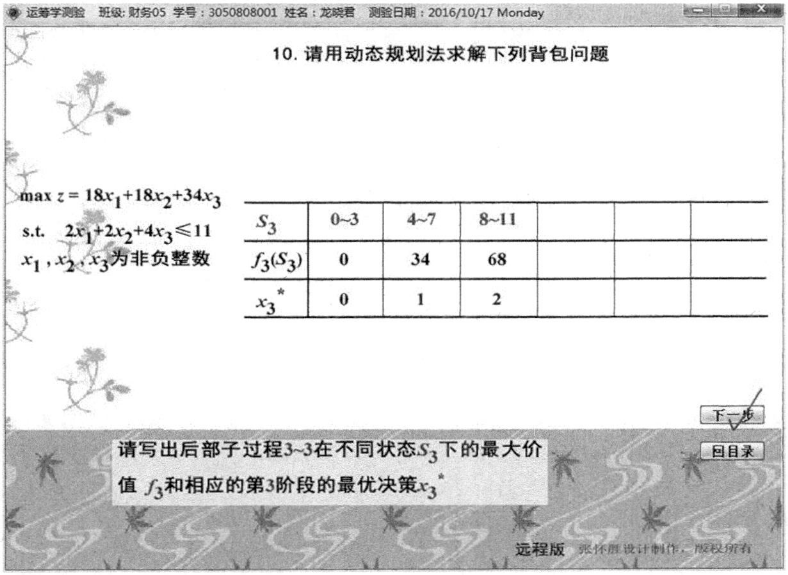


图 11-9　填写 $f_3(S_3)$ 及 $x_3{}^*$

在图 11-10 所示的交互中，由于空背包总的可承受重量为 11，而第一种物品的单件重量为 2，故留给第二阶段的剩余重量空间 $s_2$ 的可能取值有 $11-2\times5=1$，$11-2\times4=3$，$11-2\times3=5$，$11-2\times2=7$，$11-2\times1=9$，$11-2\times0=11$，共 6 种。第一种物品最多只能装 5 件，此时剩余重量空间 $s_2=1$，而第二种物品的单件重量为 2，第三种物品的单件重量为 4，故此时第二、第三两种物品都装不了，因此 $f_2(1)=0$，对应的 $x_2{}^*=0$。当 $s_2=3$ 时，由于第三种物品的单件重量为 4，第二种物品的单件重量为 2，故此时的空间只能用于装一件第二种物品，因此 $f_2(3)=18$，对应的 $x_2{}^*=1$。同理可得 $f_2(5)$，$f_2(7)$，$f_2(9)$，$f_2(11)$ 及对应的 $x_2{}^*$ 的值，如图 11-10 所示。

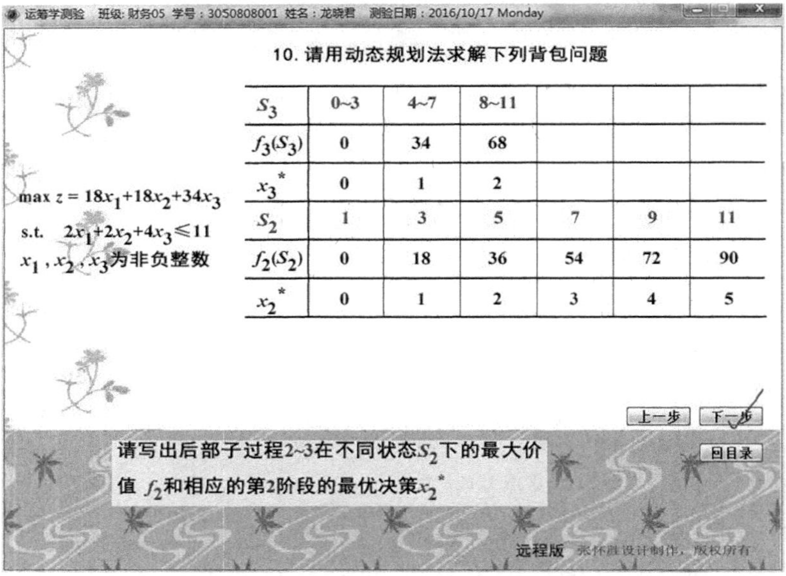


**图 11-10　计算 $f_2$ 及 $x_2{}^*$**

在图 11-10 的交互中完成 $f_2(s_2)$ 及 $x_2{}^*$ 的计算后，点击“下一步”进入图 11-11 所示的计算最大总价值 $f_1(11)$ 的交互。$f_1(11)$ 即最大总价值，把 11 个单位重量分配给三种物品，有一种最优分配方案使总价值最大。因为总重量为 11，而第一种物品的单位重量为 2，所以 $x_1$ 的取值有 0，1，2，3，4，5 六种情况。当$x_1=0$ 时，即把 11 个单位重量分配给第二、第三种物品，所以总价值为 $18\times0+f_2(11)=18\times0+90$；当 $x_1=1$ 时，因为 $x_1$ 的单位重量为 2，即把 9 个单位重量分配给了第二、第三种物品，所以总价值为 $18\times1+f_2(9)=18\times1+72$；同理可得 $x_1=2,3,4,5$ 时相应的总价值算式分别为：$18\times2+54$，$18\times3+36$，$18\times4+18$，$18\times5+0$，故 $f_1(11)=\max[18\times0+90, 18\times1+72, 18\times2+54, 18\times3+36, 18\times4+18, 18\times5+0]=90$。由于六种情况下的总价值相同，均为 90，故此时的最优背包策略有多种，甲物品的装载数量 $x_1{}^*=0,1,2,3,4,5$ 均可，这里取 $x_1{}^*=0$，则最优背包策略之一为$(x_1{}^*, x_2{}^*, x_3{}^*)=(0,5,0)$。注意：$f_1(11)$ 的输入方式应为算式，且算式中应有加号和最值符号，如图 11-11 所示。完成 $f_1(11)$ 和最优背包策略后，点击“确定”结束做题，系统显示做题者的做题过程和结果，如图11-12所示。如果确认无误，在图 11-12 的交互中点击“提交”，上传题目、解题过程和解题结果，做题者登录测验记录查询系统后可以查到已上传的题目、解题过程、解题结果、系统评分和参考答案。

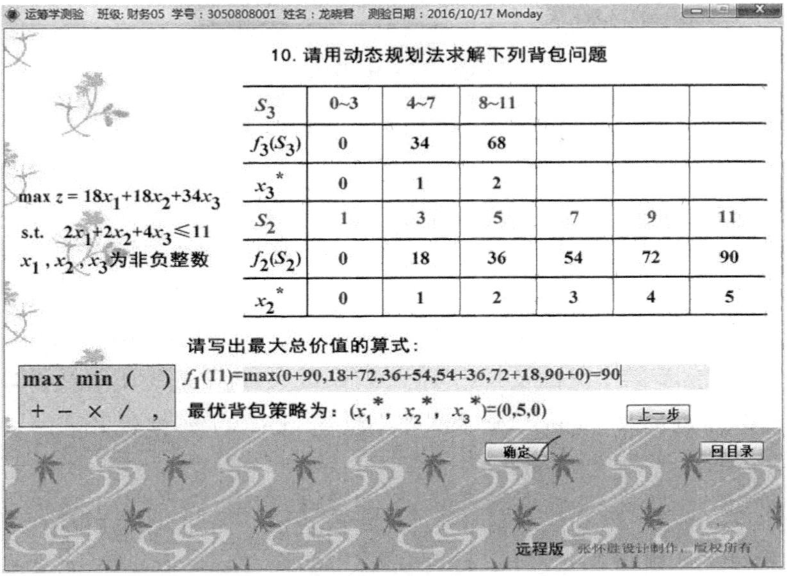


图 11-11　确定最大总价值及背包策略

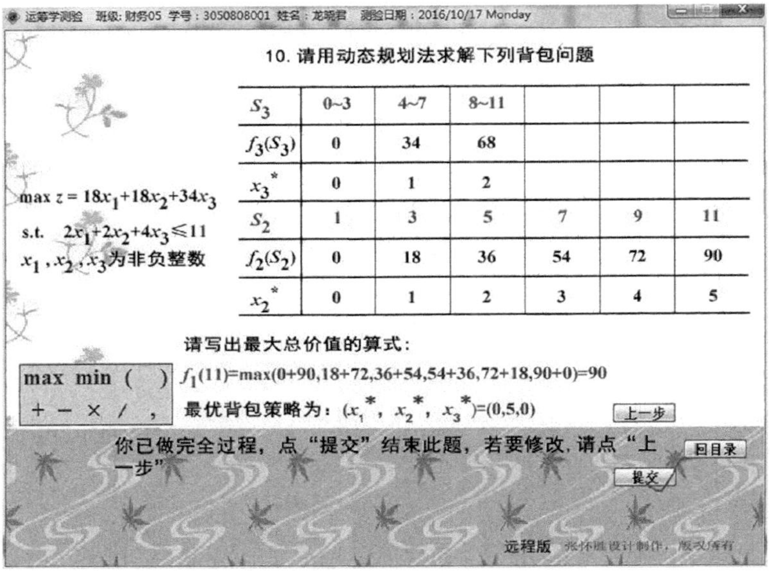


图 11-12　提交后结束做题

# 参考文献


[1] 路正南,张怀胜. 运筹学基础教程[M]. 3 版. 合肥:中国科技大学出版社,2014.

[2]《运筹学》教材编写组. 运筹学[M]. 4 版. 北京:清华大学出版社,2013.

[3] 胡运权,等. 运筹学基础及应用[M]. 6 版. 北京:高等教育出版社,2014.

[4] 丁以中,Jennifer S Shang. 管理科学:运用 Spreadsheet 建模和求解[M]. 北京:清华大学出版社,2003.

[5] 王兴德. 现代管理决策的计算机方法[M]. 北京:中国财政经济出版社,1999.

[6] 周华任. 运筹学解题指导[M]. 3 版. 北京:清华大学出版社,2006.